Arduino
机器人系统设计及开发

赵建伟◎主编　　姜涛◎副主编

甄奕　牛琦　周玉华　马萍萍　张娜　王猛◎参编

清華大学出版社

北京

内 容 简 介

Arduino 是一款便捷灵活、方便上手的开源电子原型平台。本书系统地讲解了 Arduino 系统的构成、Arduino IDE 的安装及使用,以及常用的两种 Arduino 控制器的使用,并通过机器人比赛案例,对具体项目进行了剖析,从任务要求到器材选择,再到整机组装、程序编写、程序调试,为读者对具体项目的操作应用起到一个抛砖引玉的作用。

本书主要适合中小学生和对机器人感兴趣的初学者使用。

图书在版编目(CIP)数据

Arduino 机器人系统设计及开发/赵建伟主编. —北京:清华大学出版社,2023.8
ISBN 978-7-302-64156-8

Ⅰ. ①A… Ⅱ. ①赵… Ⅲ. ①智能机器人—设计 ②智能机器人—制作
Ⅳ. ①TP242.6

中国国家版本馆 CIP 数据核字(2023)第 131910 号

责任编辑:贾 斌
封面设计:李召霞
责任校对:韩天竹
责任印制:杨 艳

出版发行:清华大学出版社
  网 址:http://www.tup.com.cn, http://www.wqbook.com
  地 址:北京清华大学学研大厦 A 座 邮 编:100084
  社 总 机:010-83470000 邮 购:010-62786544
  投稿与读者服务:010-62776969, c-service@tup.tsinghua.edu.cn
  质量反馈:010-62772015, zhiliang@tup.tsinghua.edu.cn
  课件下载:http://www.tup.com.cn,010-83470236
印 装 者:小森印刷霸州有限公司
经 销:全国新华书店
开 本:170mm×230mm 印 张:8 字 数:91 千字
版 次:2023 年 9 月第 1 版 印 次:2023 年 9 月第 1 次印刷
印 数:1~2000
定 价:45.00 元

产品编号:099639-01

Arduino 是一款便捷灵活、方便上手的开源电子原型平台,包含硬件(各种型号的 Arduino 电路板)和软件(Arduino IDE)。

Arduino 的理念就是开源,软硬件完全开放,技术上不做任何保留。

因为 Arduino 易学好用,所以受到了不少人的追捧。为此,人们为其开发出来很多种类的电子模块函数库,大大方便了广大的 Arduino 爱好者。编程者只需调用对应的函数库,再编写相应代码,就可以驱动模块运行,实现意想不到的效果。

Arduino 系统的应用越来越广泛,在一些中小学机器人比赛项目中使用得越来越多。笔者在这些年的中小学机器人比赛培训中,一直苦于没有一套系统完整的培训教材,所有的资料都是零散的,所用到的器材的详细资料需要到各处搜集,浪费了太多的精力和时间。笔者一直致力于搜集和积累更多的参赛所需要的资料和实战经验,来帮助更多参赛者。经过长期的积累,笔者终于整理出一套适用于中小学生和对机器人有兴趣的人群的入门教材,里面涵盖了 Arduino 系统最基本的内容,也包含了 Arduino 系统常用的传感器、执行机构的原理和使用方法以及例程,为这些器件的使用提供了更好的帮助。通过本书,相信大家会对 Arduino IDE、Arduino 控制器、Arduino 语言、传感器、执行机构等有一个深刻的认识。利用这些知识，读者可以随意发挥，并通过简单的程序编写，设计出想要的作品。

希望本书成为广大青少年和对机器人感兴趣的朋友们走进 Arduino 世界的敲门砖。

编　者

2023 年 5 月

目录
CONTENTS

第1章
机器人的发展

1.1　什么是机器人?

　　机器人(Robot)是自动执行工作的机器装置,它既可以接受人类指挥,又可以运行预先编排的程序,还可以根据以人工智能技术制定的原则纲领行动。机器人的任务是协助或取代人类的工作,例如生产业、建筑业中危险的工作。

　　国际上对机器人的概念已经逐渐趋近一致。一般来说,人们都可以接受这种说法,即机器人是靠自身动力和控制能力来实现各种功能的一种机器。联合国标准化组织采纳了美国机器人协会给机器人下的定义:"一种可编程和多功能的操作机;或是为了执行不同的任务而具有可用计算机改变和可编程动作的专门系统。"它能为人类带来许多方便之处。

1.2　机器人的基本组成

　　机器人是典型的机电一体化产品,本书给出作者对机器人的理解及其定义:机器人包含"机"+"器"+"人"三部分,是由机械系统、电气系统、控制系统及软件系统四部分构成的综合系统。

"机器人"这三个字已经包含了它的含义,其中:"机"是指机械系统(一切事物的载体),作为机器人系统中最重要的部分,承载所有运动的执行;"器"是指电气系统,包括控制器、传感器、驱动器、导线、电动机、电源、电压转换模块、监控模块等,作为机器人系统信号传输的部分,指挥机械系统动作的执行;"人"是指人工智能系统,负责控制机器人系统的运动平衡控制和决策,为机器人系统提供控制算法和智能决策算法。机器人是由机械工程、电气工程、控制工程、软件工程等多学科组成的"机电控软综合体",机器人学涉及机器人设计、机构学、控制系统技术、感知系统技术、人工智能算法、信息处理技术等多个方面。

1.3　机器人的分类情况

像诞生于科幻小说之中一样,人类对机器人充满了幻想。也许正是由于机器人的定义比较模糊,才给了人们充分的想象和创造空间。

中国的机器人专家从应用环境出发,将机器人分为两类,即工业机器人和特种机器人。所谓工业机器人,就是面向工业领域的多关节机械手或多自由度机器人。而特种机器人则是除工业机器人之外的,用于非制造业并服务于人类的各种先进机器人,包括服务机器人、水下机器人、娱乐机器人、军用机器人、农业机器人、机器人化机器等。在特种机器人中,有些分支发展很快,有独立成体系的趋势,如服务机器人、水下机器人、军用机器人、微操作机器人等。国际上的机器人学者从应用环境出发,将机器人也分为两类:

制造环境下的工业机器人和非制造环境下的服务与仿人型机器人,这和中国的分类是一致的。按照移动方式的不同,机器人还可以分为轮式机器人(图 1-1)、四足机器人(图 1-2)、履带式机器人(图 1-3)。

图 1-1　轮式机器人

图 1-2　四足机器人

图 1-3　履带式机器人

空中机器人又叫无人机,在军用机器人家族中,无人机是科研活动最活跃、技术进步最快、研究及采购经费投入最多、实战经验最丰富的领域。80多年来,世界无人机的发展基本上是以美国为主线向前推进的,无论从无人机的技术水平还是种类和数量来看,美国均居世界首位。

1.4　机器人的发展历史

智能型机器人是最复杂的机器人,也是人类最渴望能够早日制造出来的机器朋友。然而要制造出一台智能机器人并不容易,仅仅是让机器模拟人类的行走动作,科学家们就要付出数十年甚至上百年的努力。

1920年,捷克作家卡雷尔·恰佩克在他的科幻小说中,根据Robota(捷克文,原意为"劳役""苦工")创造出了"机器人"(Robot)

这个词。

1939 年,美国纽约世博会上展出了西屋电气公司制造的家用机器人 Elektro。它由电缆控制,可以行走,会说 77 个字,甚至可以抽烟,不过离真正干家务活还差得远。但它让人们对家用机器人的憧憬变得更加具体。

1942 年,美国科幻巨匠阿西莫夫提出"机器人三定律"。虽然这只是科幻小说里的创造,但后来成为学术界默认的研发原则。

阿西莫夫机器人定律如下。

第零定律:机器人必须保护人类的整体利益不受侵害。

第一定律:机器人不得伤害人类个体,或者目睹人类个体将遭受危险而袖手旁观,除非这违反了机器人学第零定律。

第二定律:机器人必须服从人类给予它的命令,当该命令与第零定律或者第一定律冲突时例外。

第三定律:机器人在不违反第零、第一、第二定律的情况下,要尽可能保护自己的生存安全。

1954 年,在达特茅斯会议上,马文·明斯基提出了他对智能机器的看法:"能够创建周围环境的抽象模型,如果遇到问题,能够从抽象模型中寻找解决方法。"这个定义影响到以后 30 年智能机器人的研究方向。

1956 年,美国人乔治·德沃尔制造出世界上第一台可编程的机器人,并注册了专利。这种机械手能按照不同的程序从事不同的工作,因此具有通用性和灵活性。

1959 年,德沃尔与美国发明家约瑟夫·恩格尔伯格联手制造出第一台工业机器人。随后,世界上第一家机器人制造工厂——Unimation 公司成立了。由于恩格尔伯格对工业机器人的研发和宣传,他也被称为"工业机器人之父"。

1962年,美国AMF公司生产出"VERSTRAN"(意思是万能搬运),与Unimation公司生产的Unimate一样,是真正商业化的工业机器人,并出口到世界各国,掀起了全世界对机器人和机器人研究的热潮。

1962—1963年,传感器的应用提高了机器人的可操作性。人们试着在机器人上安装各种各样的传感器,包括1961年恩斯特采用的触觉传感器;托莫维奇和博尼1962年在世界上最早的"灵巧手"上用到了压力传感器;而麦卡锡1963年开始在机器人中加入视觉传感系统,并在1964年帮助MIT推出了世界上第一个带有视觉传感器,能识别并定位积木的机器人系统。

1965年,约翰·霍普金斯大学应用物理实验室研制出Beast机器人。Beast能通过声呐系统、光电管等装置,根据环境校正自己的位置。20世纪60年代中期开始,美国麻省理工学院和斯坦福大学、英国爱丁堡大学等陆续成立了机器人实验室。美国兴起研究第二代带传感器、"有感觉"的机器人的热潮,并向人工智能进发。

1968年,美国斯坦福研究所公布了他们研发成功的机器人Shakey。它带有视觉传感器,能根据人的指令发现并抓取积木,不过控制它的计算机有一个房间那么大。Shakey可以算是世界上第一台智能机器人,拉开了第三代机器人研发的序幕。

1969年,日本早稻田大学加藤一郎实验室研发出第一台以双脚走路的机器人。加藤一郎长期致力于研究仿人机器人,被誉为"仿人机器人之父"。日本专家一向以研发仿人机器人和娱乐机器人的技术见长,后来更进一步催生出本田公司的ASIMO和索尼公司的 QRIO。

1973 年,第一次出现机器人和小型计算机携手合作,因此而诞生了美国 Cincinnati Milacron 公司的机器人 T3。

1978 年,美国 Unimation 公司推出通用工业机器人 PUMA,这标志着工业机器人技术已经完全成熟。PUMA 至今仍然工作在工厂第一线。

1984 年,恩格尔伯格再推机器人 Helpmate,这种机器人能在医院里为病人送饭、送药、送邮件。同年,他还预言:"我要让机器人擦地板、做饭,出去帮我洗车,检查安全。"

1990 年,中国著名学者周海中教授在《论机器人》一文中预言:"到 21 世纪中叶,纳米机器人将彻底改变人类的劳动和生活方式。"

1998 年,丹麦乐高公司推出机器人(Mind-Storms)套件。这让机器人制造变得和搭积木一样,相对简单又能任意拼装,使机器人开始走入个人世界。

1999 年,日本索尼公司推出犬型机器人爱宝(AIBO),当即销售一空,从此娱乐机器人成为机器人迈进普通家庭的途径之一。

2002 年,美国 iRobot 公司推出了吸尘器机器人 Roomba。它能避开障碍,自动设计行进路线,还能在电量不足时,自动驶向充电座。Roomba 是目前世界上销量最大、最商业化的家用机器人。

2006 年,微软公司推出 Microsoft Robotics Studio,这标志着机器人模块化、平台统一化的趋势越来越明显,比尔·盖茨预言,家用机器人很快将席卷全球。

我国拥有全球规模最大和最具活力的工业机器人应用市场,机器人产业的市场份额占据了全球的 4 成以上。

目前全球工业机器人应用领域排名前三位的是：汽车行业90多万台，电子行业60多万台，金属加工行业近30万台。国内工业机器人的应用领域涵盖了近130个行业，正从电子、汽车、食品包装等传统制造领域，向环保、新能源、物流仓储等新领域拓展。机器人的加入，大幅提高了这些行业的产品生产质量与服务管理效率。以后我们还会看到越来越多的担负着各种功能的机器人，在不同的岗位上替代人的工作，发挥出自己的作用。

 想一想

（1）什么是机器人？机器人的任务是什么？

（2）机器人的基本组成部分有哪些？

（3）机器人的定律是什么？

（4）你想让机器人干什么工作？

第2章

走进Arduino

Arduino 的诞生是开源硬件史上的里程碑事件,其设计的便利性和模块化正是创客热潮最有利的催化剂。

2.1 什么是 Arduino？

Arduino 是一款便捷灵活、方便上手的开源电子原型平台,包含硬件(各种型号的 Arduino 电路板)和软件(Arduino IDE),由一个意大利开发团队于 2005 年冬季开发。

Arduino 构建于开放原始码 simple I/O 界面版,并且使用类似 Java、C 语言的 Processing/Wiring 开发环境。Arduino 包含两个主要的部分:硬件部分是可以用来做电路连接的 Arduino 电路板;软件部分是 Arduino IDE,即计算机中的程序开发环境。Arduino 的编程语言更为简单和人性化,只要在 IDE 中编写程序代码,将程序上传到 Arduino 电路板后,程序便会告诉 Arduino 电路板要做些什么了。

Arduino 能通过各种各样的传感器来感知环境,并通过控制灯光、电动机和其他的装置来反馈、影响环境。板子上的微控制器可以通过 Arduino 的编程语言来编写程序,编译成二进制文件,烧录进微控制器。对 Arduino 的编程是利用 Arduino 编程语言和 Arduino 开发环境来实现的。

因为 Arduino 易学好用,所以受到了不少人的追捧。为此,人们为其开发出很多种类的电子模块函数库,大大方便了广大的 Arduino 爱好者。编程者只需调用对应的函数库,再写上几行代码,就可以驱动模块运行,实现意想不到的效果。

想一想

(1) Arduino 系统包含哪几部分?

(2) Arduino 系统可以实现哪些功能?

2.2 Arduino IDE

Arduino IDE 就是计算机中的程序开发环境。

Arduino 的官方网站是 http://www.arduino.cc。

Arduino IDE 为免费软件。

图 2-1 为下载的 Arduino IDE 文件图标。

arduino-1.8.19-
windows

图 2-1 Arduino IDE 文件图标

Arduino IDE 的安装过程如下：

如果下载了 Arduino IDE 文件，那么双击文件就可以运行安装了，见图 2-2。

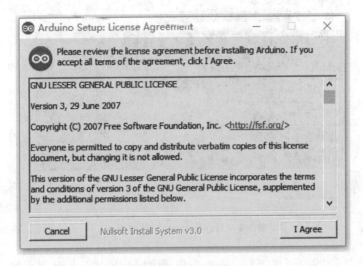

图 2-2 Arduino IDE 安装界面（1）

单击同意以后，运行到图 2-3 所示的界面时，要将所有的选项都选中。

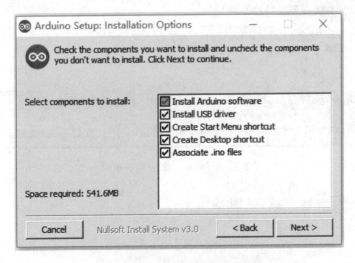

图 2-3 Arduino IDE 安装界面（2）

程序开始安装,见图 2-4。

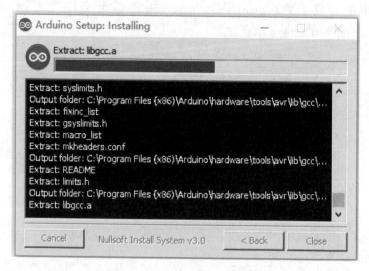

图 2-4　Arduino IDE 安装界面(3)

当显示图 2-5 和图 2-6 两个界面时,确认驱动程序的安装,单击"安装"按钮。

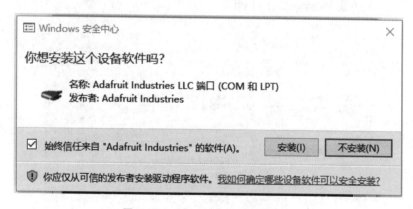

图 2-5　Arduino IDE 安装界面(4)

至此,安装完成,见图 2-7。

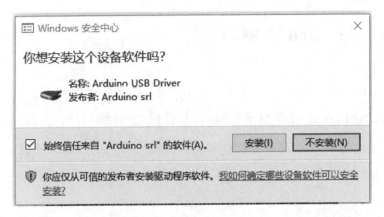

图 2-6　Arduino IDE 安装界面(5)

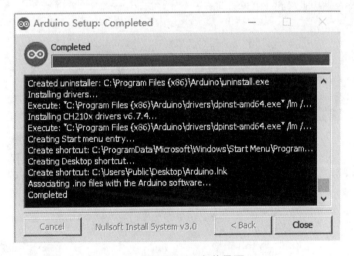

图 2-7　Arduino IDE 安装界面(6)

动手做

(1) 下载 Arduino IDE。

(2) 将下载的 Arduino IDE 安装到计算机中。

2.3　Arduino 控制器

Arduino 控制器就是 Arduino 电路板。

Arduino 先后发布了十多个型号的控制器,有最基础、最经典的 Uno,也有高性能的 MEGA。下面就介绍常用的 Uno 控制器和 Mega2560 控制器。

1. Uno 控制器

Uno 控制器如图 2-8 所示。

图 2-8　Uno 控制器

注意:现在改进版本的 Uno 控制器,需要安装厂家提供的驱动程序,才能与 Arduino IDE 相连接。

Arduino Uno 是基于 ATmega328P 的 Arduino 开发板。它有 14 个数字输入/输出引脚(其中 6 个可用于 PWM 输出)、6 个模拟输入引脚、1 个 16 MHz 的晶体振荡器、1 个 USB 接口、1 个 DC 接口、1 个 ICSP 接口、1 个复位按钮。它包含微控制器所需的一切,只需简单地把它连接到计算机的 USB 接口,或者使用 AC-DC 适配器,也可用电池,就可以驱动它。Uno 控制器的基本参数如表 2-1 所示。

表 2-1　Uno 控制器基本参数

名　　称	参　　数	名　　称	参　　数
控制器	ATmega328P	每个 I/O 口直流电流	40mA
工作电压	5V	3.3V 口直流电流	50mA
输入电压(推荐)	7～12V	闪存(Flash Memory)	32KB
输入电压(限制)	6～20V	静态存储器(SRAM)	2KB
数字 I/O 口	14(含 6 路 PWM 输出)	EEPROM	1KB
模拟输入口	6	时钟	16MHz

利用 pinMode()、digitalWrite()和 digitalRead()功能,Uno 上的 14 个数字引脚都可用作输入或输出,其工作电压为 5V。每个引脚都可以提供或接收最高 40mA 的电流,都有 1 个 20～50kΩ 的内部上拉电阻器(默认情况下断开)。此外,某些引脚还具有特殊功能:串口 0(RX)和 1(TX),用于接收(RX)和发送(TX)TTL 串口数据。这些引脚与 ATmega8U2 USB 转 TTL 串口芯片的相应引脚相连。

外部中断:2 和 3 口。这些引脚可以配置成在低值、上升或下降沿,或者数值变化时触发中断。

PWM:3、5、6、9、10 和 11 口,为 8 位 PWM 输出提供 analogWrite()功能。

SPI:10(SS)、11(MOSI)、12(MISO)、13(SCK),这些引脚支持利用 SPI 库进行 SPI 通信。

LED:13 口。有 1 个内置式 LED 连至数字引脚 13。在引脚为高电平时,LED 打开;在引脚为低电平时,LED 关闭。

Uno 有 6 个模拟输入,编号为 A0～A5,每个模拟输入都提供
10 位的分辨率(即 1024 个不同的数值)。默认情况下,它们的电压
为 0～5V,可以利用 AREF 引脚和 analogReference()功能改变其
范围的上限值。

TWI：A4 或 SDA 引脚和 A5 或 SCL 引脚,支持通过 Wire
library 实现 TWI 通信。

AREF：模拟输入的参考电压,与 analogReference()一起使用。

2. Mega2560 控制器

Mega2560 控制器如图 2-9 所示。

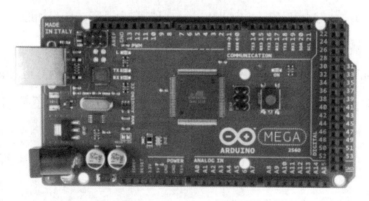

图 2-9　Mega2560 控制器

本书后面实验所用的控制器均为 Mega2560。

Arduino Mega2560 是基于 ATmega2560 的微控制板,有 54
路数字输入/输出端口(其中 15 个可以作为 PWM 输出)、16 路模
拟输入端口、4 路 UART 串口、16MHz 的晶体振荡器、USB 连接
口、电池接口、ICSP 头和复位按钮。简单地用 USB 连接电脑或者用
交直流变压器就能使用。Mega2560 控制器基本参数如表 2-2 所示。

表 2-2   Mega2560 控制器基本参数

名 称	参 数	名 称	参 数
控制器	ATmega2560	每个 I/O 口直流电流	40mA
工作电压	5V	3.3V 口直流电流	50mA
输入电压(推荐)	7～12V	闪存(Flash Memory)	256KB(其中 8KB 用作 bootloader)
输入电压(限制)	6～20V	静态存储器(SRAM)	8KB
数字 I/O 口	54(含 15 路 PWM 输出)	EEPROM	4KB
模拟输入口	16	时钟	16MHz

输入输出：54 路接口(0～53 口)都可作为输入输出,并使用 pinMode()、digitalWrite()和 digitalRead()功能。5V 电压操作,每个接口的最大电流为 40mA,并且接口有内置 20～50kΩ 的上拉电阻。另外,有的接口有特殊功能。

Serial(串口)如下。

Serial 0：0 (RX) and 1 (TX)；

Serial 1：19 (RX) and 18 (TX)；

Serial 2：17 (RX) and 16 (TX)；

Serial 3：15 (RX) and 14 (TX)。

一共四组串口,其中 Serial0 也被连接到了 Tmega16U2 USB-to-TTL Serial 芯片。RX 接收数据,TX 传输数据。

External Interrupts(外部中断)如下。

2 (interrupt 0)；

3 (interrupt 1)；

18 (interrupt 5)；

19 (interrupt 4)；

20 (interrupt 3)；

21（interrupt 2）。

每个引脚都可配置成低电平触发，或者上升、下降沿触发。详见 attachInterrupt()功能。

PWM(脉冲调制)：2～13 口；44～46 口。

提供 8 位 PWM 输出。由 analogWrite()功能实现。

SPI(串行外设接口)如下。

50（MISO），51（MOSI），52（SCK），53（SS）。使用 SPI library 实现。

LED：13 引脚。这是板上自带的 LED 灯，高电平亮，低电平灭。

TWI：20（SDA）和 21（SCL）。使用 Wire library 实现功能。

模拟输入：Mega2560 有 16 个模拟输入口 A0～A15，每个输入口提供 10 位的分辨率（即 $2^{10}=1024$ 个不同的值）。默认情况下，它们测量 0 到 5V 的值。可以通过改变 AREF 引脚和 analogReference()功能来改变变化范围的上限。

AREF：是 AD 转换的参考电压输入端（用于将模拟口输入的电压与此处的参考电压进行比较），使用 analogReference()完成功能。

通信：Arduino Mega2560 提供 4 路 UARTs 通信，即 Serial 通信。数据通过 ATmega8U2/ATmega16U2 的时候，指示灯会闪烁（除了 0 和 1 口）。

使用 SoftwareSerial library 可以使用 Mega2560 的任意数字接口通信，Mega2560 同样支持 TWI 和 SPI 通信。

编程：Mega2560 使用 Arduino IDE 环境编程。事先在闪存（Flash Memory）里烧入 bootloader 引导程序，这样我们就可以每次下载程序了。它使用的是原始的 STK500 通信协议。

2.4　Arduino 控制器用传感器扩展板

为了方便与外部设备的连接,建议使用控制器扩展板。

扩展板将 Arduino 控制器的全部数字与模拟接口以舵机线序的形式扩展,方便外设的连接。另外,还特设 IIC 接口、COM 接口、蓝牙模块通信接口、APC220 无线射频模块通信接口,独立扩展,方便易用,能够很容易地将常用传感器连接起来。一款传感器仅需要一条通用 3P 传感器连接线(不分数字连接线与模拟连接线),通过外接电源接口,以应对主板供电不足的情况,保证设备运行稳定。完成电路连接后,编写相应的 Arduino 程序,并下载到 Arduino 控制器中读取传感器数据,经过运算处理,轻松完成任务。

Arduino 扩展板可分为三类:传感器扩展板、网络扩展板和原型扩展板。烦琐复杂的电路连线是初学者最头疼的事情了,而扩展板可以很好地解决该问题,它真正意义上地将电路简化了。图 2-10 和图 2-11 是两款传感器扩展板。

图 2-10　Arduino Uno 传感器扩展板

图 2-11　Arduino Mega2560 传感器扩展板

 想一想

充分了解控制器各个端口的作用。

2.5　Arduino 的基本操作

1. 认识 Arduino IDE

运行 Arduino IDE 之后,首先出现的是 Arduino IDE 的启动画面,见图 2-12。

等待几秒后,可以看到一个窗口,即 Arduino IDE 界面,见图 2-13。

在工具栏中,Arduino IDE 提供了常用功能的快捷键,如下所示。

✅校验(Verify),验证程序是否编写无误,若无误则编译该项目。

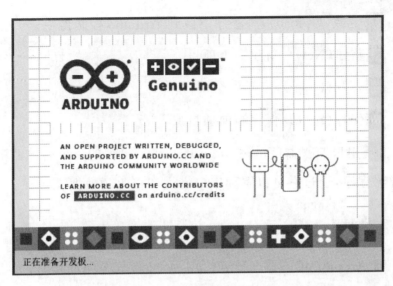

图 2-12　Arduino IDE 的启动画面

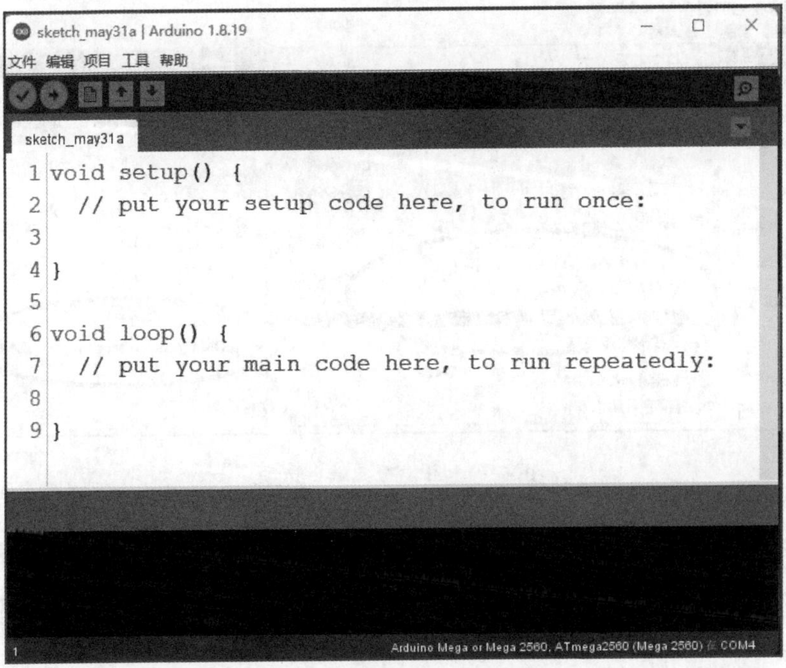

图 2-13　Arduino IDE 界面

下载(Upload),将程序下载到 Arduino 控制器中。

新建(New),新建一个项目。

打开(Open),打开一个项目。

保存(Save),保存当前项目。

串口监视器(Serial Monitor),IDE 自带的一个简单的串口监视器程序,通过它可以看到串口发送和接收的数据。

2. Arduino IDE 与 Arduino 控制器的连接

当 Arduino 控制器与计算机用的 USB 电缆相连接时,如果控制器的驱动程序安装正确,则会显示如图 2-14 的窗口。

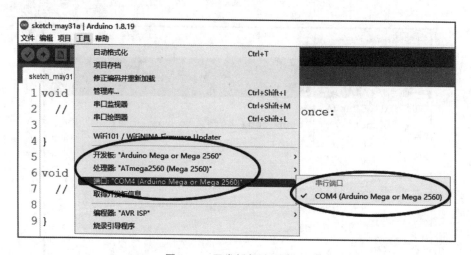

图 2-14　开发板与端口选项

端口处会显示模拟的 COM 口已连接上 Mega2560 控制板,"开发板"和"处理器"均选择 Mega2560,这时就可以正常使用了。

3. Arduino IDE 库的添加

库是代码的集合,可插入架构以提高项目的功能。这种方法避免了大量重复劳动,可以使用已经为各种硬件写好的代码。

(1)通过库管理器在线添加。

在 Arduino IDE 工具菜单中,可以找到库管理器的入口,见图 2-15。

图 2-15 库管理器入口

这种方式属于在线安装,可以对开发者发布在 Arduino 上的库进行搜索、下载、更新。

(2)通过 ZIP 文件离线添加。

通过其他方式下载格式为.ZIP 的库,如图 2-16 所示,这种情况下就需要使用这种方式进行添加。

这种方式可以添加各种来源的库,而且是在完全不需要网络的情况下进行的。

(3)通过文件复制的方式直接添加。

Arduino IDE 在安装时会在"文档"目录下创建一个 Arduino

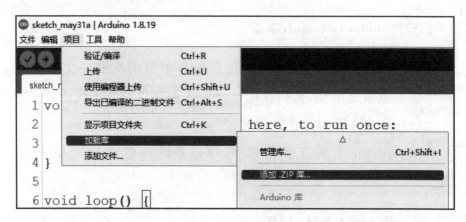

图 2-16　添加.ZIP 库

文件夹,内含 libraries 子文件夹,大部分通过上面两种方法添加的库都会在这个文件夹里出现,具体路径见图 2-17。

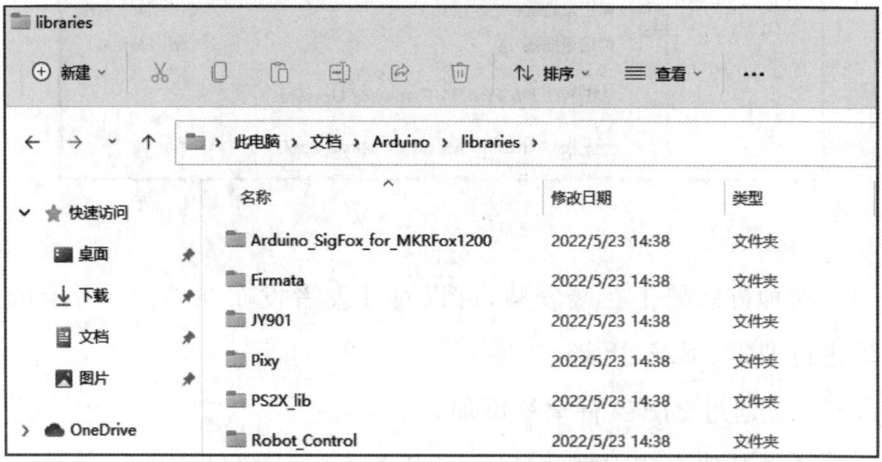

图 2-17　库文件夹的位置

将库代码或者压缩包解压,得到.h 或者.c 文件,又或者 examples 文件夹,然后复制粘贴到这个目录下,重启 Arduino IDE 即可完成添加。

动手做

（1）熟练掌握 Arduino IDE 的基本操作。

（2）能够通过各种方法添加库文件。

第3章
Arduino语言

3.1　Arduino 使用的语言

Arduino 使用 C/C++编写程序。虽然 C++兼容 C 语言,但却是两种语言,C 语言是一种面向过程的编程语言,C++是一种面向对象的编程语言。早期的 Arduino 核心库使用 C 语言编写,后来引进了面向对象的思想,目前最新的 Arduino 核心库采用 C 与 C++混合编写而成。

通常所说的 Arduino 语言,是指 Arduino 核心库文件提供的各种应用程序编程接口(Application Programming Interface,API)的集合。这些 API 是对更底层的单片机支持库进行二次封装所形成的。

3.2　Arduino 程序结构

如图 3-1 所示,Arduino 程序的基本结构由 setup()和 loop()两个函数组成。

```
void setup() {
  // put your setup code here, to run once:

}

void loop() {
  // put your main code here, to run repeatedly:

}
```

图 3-1　Arduino 程序结构

1. setup()

Arduino 控制器通电或复位后，即会开始执行 setup()函数中的程序，该程序只会执行一次。通常是在 setup()函数中完成 Arduino 的初始化设置。

2. loop()

setup()函数中的程序执行完毕后，Arduino 会接着执行 loop()函数中的程序。而 loop()函数是一个死循环，其中的程序会不断地重复运行。通常是在 loop()函数中完成程序的主要功能，如采集数据和驱动模块等。

3.3　数字 I/O 口的操作函数

数字操作即为高低电平操作(0/1)。

pinMode(pin,mode)

设置引脚模式,mode 有 OUTPUT(输出),INPUT(输入)。

digitalWrite(pin,value)

设置引脚的输出电平(高低),value 为高低电平(HIGH/LOW 或 1/0)。其中,低电平的电压为 0V,高电平的电压为 5V。

digitalRead(pin)

读取输入引脚的电平情况。当 Arduino 以 5V 供电时,会将范围为 -0.5~1.5V 的输入电压作为低电平识别,而将范围在 3~5.5V 的输入电压作为高电平识别。

在 Arduino 核心库中:OUTPUT 被定义为 1;INPUT 被定义为 0;HIGH 被定义为 1;LOW 被定义为 0。

3.4 模拟 I/O 口的操作函数

在 Arduino 控制器中,编号前带有"A"的引脚是模拟输入引脚。

模拟 I/O 口可以将 0~5V 的电压转换为 0~1023 的整数形式表示。

analogRead(pin)

读取指定引脚的模拟值。pin 必须是模拟输入引脚。

analogWrite(pin,value)

其中,pin 是要输出 PWM 波(脉冲宽度调节)的引脚,value 是 PWM 的脉冲宽度,范围为 0~255。

3.5　延时函数

使用延时函数 delay()可以暂停程序,并通过参数来设定延时时间,用法如下:

```
delay();
```

此函数是毫秒级延时,参数的数据类型为 unsigned long。

3.6　常用的数据类型

1. char 字符型

字符型,即 char 类型,占用 1 字节的内存空间,主要用于存储字符变量。在存储字符时,字符需要用单引号引用,例如:

```
Char col = 'c'
```

字符都是以数字形式存储在 char 类型变量中的,数字与字符的对应关系可参照 ASCII 码表。

2. int 整型

整型即整数类型,取值范围为$-32768 \sim 32767$($-2^{15} \sim 2^{15}-1$)。

3. float 单精度浮点型

float 即浮点型数据类型,浮点数其实就是通常所说的实数。浮点型数据运算较慢且有一定误差,因此,通常会把浮点型转换为整型来处理。

3.7　常用的控制语句

1. if 语句

if 语句是最常用的选择结构实现方式,当给定的表达式为真时,就会运行其后的语句。

(1) 简单分支结构。

```
if (表达式)
{
   语句;
  }
```

(2) 双分支结构。

if...else,当给定的表达式为假时,则运行 else 后的语句。

```
if(表达式)
     {
      语句1;
     }
     else
     {
       语句2;
     }
```

(3) 多分支结构。

将 if 语句嵌套使用,即形成多分支结构,以判断多种不同的情况。

```
if(表达式1)
```

```
    {
      语句 1;
      }
else if(表达式 2)
      {
      语句 2;
      }
else if(表达式 3)
      {
      语句 3;
      }
      ……
```

2. switch…case 语句

当处理比较复杂的问题时,可能会存在有很多选择分支的情况,如果还使用 if…else 的结构编写程序,会使程序显得冗长,且可读性差。

此时可以使用 switch…case 语句,其一般形式为:

```
switch(表达式)
{
case 常量表达式 1;
   语句 1
   break;
case 常量表达式 2;
   语句 2
   break;
case 常量表达式 3;
   语句 3
   break;
    ……
default :
```

```
    语句 n
    break;
}
```

需要注意的是,switch 后的表达式的结果只能是整型或字符型,如果使用其他类型,则必须使用 if 语句。

switch 结构会将 switch 语句后的表达式与 case 后的常量表达式进行比较,如果相符就运行常量表达式所对应的语句;如果不符则会运行 default 后的语句;如果不存在 default 部分,程序将直接退出 switch 结构。

在进入 case 判断并执行完相应程序后,一般要使用 break 语句退出 switch 结构。如果没有使用 break 语句,则程序会一直执行到有 break 的位置,才会退出或运行完 switch 结构再退出。

3. 循环语句

(1) while 循环。

while 循环是一种"当"型循环。当满足一定条件后,才会执行循环体中的语句,其一般形式为:

```
while(表达式)
{
    语句;
}
do...while 循环
```

do...while 循环与 while 循环不同,是一种"直到"循环,它会一直循环到给定条件不成立为止。do...while 会先执行一次 do 语句后的循环体,再判断是否进行下一次循环,即

```
    do
{
  语句;
      }
while(表达式);
```

（2）for 循环。

for 循环比 while 循环更灵活，而且应用广泛。它不仅适用于循环次数确定的情况，也适用于循环次数不确定的情况。while 和 do...while 都可以替换为 for 循环。其一般形式为：

```
for(表达式 1; 表达式 2; 表达式 3; )
    {
      语句;
    }
```

在一般情况下，表达式 1 为 for 循环初始化语句，表达式 2 为判断语句，表达式 3 为增量语句。

4. 循环控制语句

（1）break。

break 语句只能用于 switch 多分支选择结构和循环结构中，使用它可以终止当前的选择结构或者循环结构，使程序转到后续的语句运行。break 一般会搭配 if 语句使用，其一般形式为：

```
if(表达式)
{
break;
    }
```

（2）continue。

continue 语句用于跳过本次循环中剩下的语句，并且判断是否开始下一次循环。同样，continue 一般搭配 if 语句使用，其一般形式为：

```
if(表达式)
{
  continue;
  }
```

3.8　相关语法

1. 注释

"/ * "与" * /"之间的内容以及"//"之后的内容均为程序注释，使用它们可以更好地管理代码。注释不会被编译到程序中，因此不影响程序的运行。

为程序添加注释的方法有以下两种。

（1）单行注释，语句为：

```
//注释内容
```

（2）多行注释，语句为：

```
  / *
注释内容 1
注释内容 2
  ......
* /
```

2. define

define 即宏定义,即使用一个特定的标识符来代表一个字符串。宏定义的一般形式为:

```
#define 标识符字符串
```

3. include

"include"意为"包含"。若程序中使用#include 语句包含了一个文件,例如#include < EEPROM. h >,那么在预处理时,系统会将该语句替换成 EEPROM. h 文件中的实际内容,然后再对替换后的代码进行编译。文件包含命令的一般形式为:

```
#include <文件名>
或  #include "文件名"
```

两种形式的效果是一样的,只是当使用<文件名>形式时,系统会优先在 Arduino 库文件中寻找目标文件,若没有找到,再到当前 Arduino 项目的项目文件夹中查找。而使用"文件名"形式时,系统会优先在 Arduino 项目的项目文件夹中查找目标文件,若没有找到,再查找 Arduino 库文件。

第4章

传感器

注意：当将传感器与主控板相连接的时候，一定要确认传感器的引脚与控制器（或扩展板）的引脚相对应，以免产生不必要的损失。

本章所有例子，均在 Arduino IDE Mega2560 控制板上运行通过。

4.1 按键传感器

按键传感器（如图 4-1 所示）是最简单、最基本的传感器，所有输出数字信号的传感器输出的信号与按键传感器输出的信号完全

图 4-1 按键传感器

一样。按键传感器的主要器件是一个按键开关,当按键开关被按下时,电路导通,松开时,电路断开。按键传感器可以依据按键开关是否按下来输出高低电平信号。当按键被按下时,输出低电平(LOW 或 0),反之则为高电平(IIIGH 或 1)。而其他输出数字信号的传感器则是通过电子电路的控制来输出低电平(LOW 或 0)和高电平(HIGH 或 1)。

注意:有些厂家的按键传感器的输出与以上恰好相反,即当按键被按下时,输出高电平(HIGH 或 1),反之则为低电平(LOW 或 0)。其他输出数字信号的传感器也会出现同样的情况,在使用时要注意。

例程

目标:当按键传感器按键被按下时,LED 灯亮,松开灯灭。

```
int buttonPin = 53;          //定义按键传感器接到 53 口
int ledPin = 13;             //13 口板载 LED 灯
int buttonState = 0;         //定义按键传感器初始状态为 0
void setup()
{
  //此处为安装代码,只运行一次
  pinMode(ledPin, OUTPUT);   //定义 13 口为输出口
  pinMode(buttonPin, INPUT); //定义 53 口为输入口
}
void loop()
{
  //此处为主代码,重复运行
buttonState = digitalRead(buttonPin);   //读取 53 口状态
  if (buttonState == LOW)        //如果 53 口为低电平
  {
    digitalWrite(ledPin, HIGH);  //13 口输出高电平,灯亮
  }
```

```
else {
  digitalWrite(ledPin, LOW);    //反之,13口输出低电平,灯灭
    }
}
```

动手做

当按键传感器的按键被按下时,LED 灯亮,松开后,灯会继续亮一会儿,该如何做?

4.2　火焰传感器

火焰传感器(如图 4-2 所示)主要采用红外接收管来接收火焰中的红外线(波长在 760～1100nm 范围内的光源)。

图 4-2　火焰传感器

火焰传感器虽对火焰最敏感,但对普通光也有反应,只是火焰相对弱一些,一般用作火焰报警等用途。

工作电压:3.3～5V。

输出信号:输出形式为开关量输出,开关量输出是指通过数字量输出,输出 0 或 1,检测到火焰输出低电平(0),没有火焰时输

出高电平(1)。

传感器上面有一个可调电阻,可以调节检测的灵敏度。

例程

目标:当火焰探测器检测到火焰时,LED 灯亮起。

```
int led = 13;              //定义 LED 接口
int button = 53;           //定义火焰传感器接口
int val;                   //定义一个整型变量 val
void setup()
{
pinMode(led,OUTPUT);       //定义 LED 为输出接口
pinMode(button,INPUT);     //定义火焰传感器为输入接口
}
Void loop()
{
val = digitalRead(button); //读取火焰传感器接口的值并赋给 val
if (val == LOW)            //检测到火焰,传感器输出低电平
digitalWrite(led,HIGH);    //13 口输出高电平,LED 灯亮
else                       //反之
digitalWrite(led,LOW);     //13 口输出低电平,LED 灯灭
}
```

 想一想

火焰传感器都可以用来做什么?

4.3 光敏传感器

光敏传感器(如图 4-3 所示)是用来检测周围环境光的强弱变化状态的。

图 4-3　光敏传感器

光敏传感器实际上是一个光敏电阻,其阻值会随着光线强度的变化而变化,光照强烈时,阻值变小;光照减弱时,阻值增大;完全遮挡光线时,阻值最大。

工作电压:3.3~5V。

输出信号:模拟量输出,光线弱时,输出的电压高;光线强时,输出的电压低。

也可以输出数字量,通过调节传感器上的可调电阻,设定一个阈值,当光线强度低于阈值,输出高电平(1);当光线强度高于阈值,输出低电平(0)。此时传感器可以作为通过光线控制的开关来使用。

传感器上面有一个可调电阻,可以调节检测的灵敏度。

例程

目标:通过 Arduino IDE 的串口监视器,观察光敏传感器输出的模拟信号的变化。

```
int sensorPin = A15;    //将光敏传感器接到 Arduino 控制器的模拟口
                        //15(A15)
int value = 0;          //定义一个整型变量 value,并设定初始值为 0
```

```
void setup()
{
Serial.begin(9600);  //定义串口的波特率为 9600
}
void loop()
{
value = analogRead(sensorPin);    //读取光敏传感器输出值
Serial.println(value,DEC);        //通过串口将 value 的值以十进
                                  //制显示出来

delay(200);                       //延时 200ms
}
```

想一想

光敏传感器可以用来做什么?

4.4　红外避障传感器

红外避障传感器(如图 4-4 所示)利用红外线反射来检测前方是否有障碍物。它主要由红外发射器和红外接收器组成,配以外

图 4-4　红外避障传感器

围电路。红外避障传感器工作时,由发射端发射红外信号,如果一定范围内没有障碍物,则没有红外线被反射回来,接收端也就接收不到红外信号;如果有障碍物,红外信号被反射回来,接收端就能接收到红外信号。传感器检测到红外信号后,就能判断出前方有障碍物,检测距离的远近可以通过调节传感器上的电位器来设定。

工作电压:3.3~5V。

输出信号:输出形式为开关量输出,检测到障碍物时输出低电平(0),没有障碍物时输出高电平(1)。

传感器上面有一个可调电阻,可以调节检测障碍物的距离。

红外避障传感器受环境光和障碍物的颜色影响较大。一般情况下,环境光线暗一些,障碍物的颜色浅一些,效果会更好。

例程

目标:当检测到障碍物时,LED 灯亮,反之灯灭。

```
int LED = 13;                      //定义 LED 灯在 13 口(板载 LED 灯)
int buttonpin = 53;                //将避障传感器连接到 53 口
int val;                           //定义一个整型变量
void setup()
{
 pinMode(LED,OUTPUT);              //定义 13 口为输出接口
 pinMode(buttonpin,INPUT);        //定义 53 口为输入接口
 }
void loop()
 {
 val = digitalRead(buttonpin);    //读取 53 口的值,赋予 val
 if (val == LOW)                   //如果 53 口的值为低电平
   digitalWrite(LED,HIGH);        //13 口输出高电平,LED 灯亮
 else digitalWrite(LED,LOW);      //反之,13 口输出低电平,LED 灯灭
 }
```

想一想

红外避障传感器可以用来做什么？

4.5 巡线传感器

巡线传感器（如图 4-5 所示）的工作原理与红外避障传感器相同，也是由红外发射器和红外接收器组成，配以外围电路。巡线传感器的发射功率比较小，遇到白线时红外线被反射；遇到黑线时红外线被吸收。可以检测到白底中的黑线，也可以检测到黑底中的白线，由此可以实现黑线或白线的跟踪。

图 4-5 巡线传感器

图 4-6 为五路巡线传感器，便于安装使用。

其工作方式与单路巡线传感器完全相同。

工作电压：3.3～5V。

输出信号：输出形式为开关量输出，检测到黑线时，输出低电平(0)；没有黑线时，输出高电平(1)。

传感器上面有一个可调电阻，可以调节检测黑线的距离。

这个传感器受环境光的影响较大。

使用例程同红外避障传感器。

图 4-6　五路巡线传感器

想一想

巡线传感器可以让机器人小车沿着黑线运动,如果是白线呢?

4.6　光电开关传感器

光电开关传感器(如图 4-7 所示)是一种集发射与接收于一体的光电传感器,检测距离可以根据要求进行调节。

它的内部结构与红外避障传感器相同,主要由红外发射器和红外接收器组成,配以外围电路。

它的优点是受可见光干扰小,易于装配,使用方便,可以替代避障传感器和巡线传感器。

该传感器有多种型号可供选择,一般选择常开型。

图 4-7　光电开关传感器

供电电压：5V。

检测距离：最大 80cm，可调。

输出信号：输出形式为开关量输出，检测到物体时，输出低电平(0)，指示灯亮；没有检测到物体时，输出高电平(1)，指示灯灭。

使用例程同红外避障传感器。

想一想

光电开关传感器除了上述用途，还能用来干什么？

4.7　超声波测距传感器

超声波测距传感器(如图 4-8 所示)是利用超声波的发射与接收来测量距离的，常用的是 SR-04。它主要是由超声波发生器(T)和超声波接收器(R)组成的，配以外围电路。

传感器工作原理如下。

(1) 采用 I/O 触发测距，给至少 $10\mu s$ 的高电平信号。

图 4-8　超声波测距传感器

（2）模块自动发送 8 个 40kHz 的方波，自动检测是否有信号返回。

（3）如果有信号返回，则通过 I/O 输出高电平，高电平持续的时间就是超声波从发射到返回的时间。测试距离＝（高电平时间×声速）/2。其中声速为 340m/s。

使用电压：DC5V。

感应角度：不大于 15°。

探测距离：2～450cm。

高精度：可达 0.3cm。

接线方式：VCC、TRIG（控制端）、ECHO（接收端）、GND。

在实际使用中，有现成的库（SR04.zip）可用，可以在网络中下载。安装后，在程序中直接调用即可。

例程

目标：通过串口监视器，显示超声波测距传感器测量出的距离。

```
# include "SR04.h"          //调用超声波测距传感器的库
# define TRIG_PIN 40         //传感器 TRIG 脚接控制器 40 口
# define ECHO_PIN 39         //传感器 ECHO 脚接控制器 39 口
SR04 sr04 = SR04(ECHO_PIN,TRIG_PIN);
```

```
long a;                    //定义 a 为长整型数
void setup()
{
Serial.begin(9600);        //定义串口波特率
Serial.println("Example written by Coloz From Arduino.CN");
//串口输出
delay(1000);               //延时 1000ms
}
void loop()
{
a = sr04.Distance();       //测出的距离值赋给 a
Serial.print(a);           //串口输出距离值
Serial.println("cm");      //串口输出 cm
delay(1000);
}
```

 想一想

超声波测距传感器可以应用在哪些方面?

4.8　陀螺仪传感器 JY901

JY901 是 9 轴姿态角度传感器(如图 4-9 所示)。

它集成高精度的陀螺仪、加速度计、地磁场传感器,采用高性能的微处理器和先进的动力学解算与卡尔曼动态滤波算法,能够快速求解出模块当前的实时运动姿态。

电压:3.3～5V。

接口:支持串口和 IIC 两种数字接口,方便用户选择最佳的连

图 4-9　陀螺仪传感器 JY901

接方式。串口速率为 2400～921600bps，可调。IIC 接口支持全速 400kbps 速率。

具体的使用方法详见自带的说明书。

在使用前一定要按照说明，利用上位机程序对传感器进行校准。要把自带的库文件导入到 Arduino IDE 中。

图 4-10 为陀螺仪与 Arduino 主控板的连线示意图。

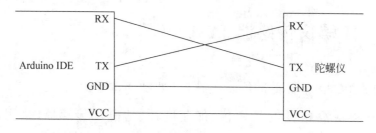

图 4-10　陀螺仪与 Arduino 主控板的连线示意图

例程

将陀螺仪连接到 Mega2560 主控板的 COM3 口，通过 Arduino IDE 中的串口监视器显示 z 轴的角度。

z 轴的角度定义如图 4-11 所示。

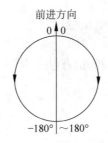

图 4-11 *z* 轴的角度示意图

```
#include <JY901.h>              //调用陀螺仪库
void setup()
{
  Serial.begin(115200);        //定义串口波特率
  Serial3.begin(115200);       //定义串口 3 波特率
  }


void loop()
{
Serial.println(getZ());        //换行输出 z 轴角度值
delay(200);
}


float getZ()                   //定义函数
{
  while (Serial3.available())
  {
    JY901.CopeSerialData(Serial3.read()); //Call JY901 data
cope function
  }
  return (float)JY901.stcAngle.Angle[2] / 32768 * 180;
}
```

动手做

掌握陀螺仪传感器的校准方法。

4.9 视觉传感器

Pixy 是一款在全球极受欢迎的开源视觉传感器（图像识别传感器），图 4-12 和图 4-13 所示的这款 Pixy 是该系列的第一代版本。

图 4-12　Pixy 视觉传感器第一代（前面）

图 4-13　Pixy 视觉传感器第一代（背面）

Pixy 系列是 Charmed 实验室联合卡内基-梅隆大学共同推出的图像识别系统。Pixy 自带处理器，并搭载着一个图像传感器 CMUcam5，通过其处理器内部的算法，以颜色为中心来处理图像数据，有选择性地过滤无用信息，从而得到有效信息。这样一来，Pixy 只需将已经处理过的特定颜色物体的数据发送给与之连接的微型控制器（例如 Arduino）即可，而不必向控制器输入所有原始视觉信息，处理后得到的数据更精确有效。Pixy 输出的数据可以通过 SPI、IIC 等与 Arduino 和树莓派等控制器直接通信，自带的通信线可以直插在 Arduino 控制板上面，方便制作具有图像识别功能的小机器人。它配套有开源的 Arduino 及 Linux 库和示例文件。

支持的通信接口：SPI、IIC、UART、USB 或模拟/数字输出。

Pixy 通过基于色调过滤算法（hue-based color filtering algorithm）来识别物体。因为 Pixy 使用色调（hue），所以被识别的物体应有明显的色调。

在使用 Pixy 前，要先通过上位机程序 PixyMon 对 Pixy 进行设定，指定要识别的物体的颜色并保存。这样，当 Pixy 识别到指定的颜色时，就会输出相应的信号。

具体的用法请见使用说明。

例程

目标：Pixy 通过 SPI 接口与 Arduino 控制器相连，当检测到指定的物体时，通过串口监视器可以输出 Pixy 与被检测物体中心在 x 方向的坐标值。

```
# include < SPI.h >          //调用 SPI 库
# include < Pixy.h >         //调用 Pixy 库
Pixy pixy;                   //创建一个全局的 Pixy 实例变量
int x = 0;
```

```
void setup()
{
  Serial.begin(115200);
  pixy.init();
}

void loop()
{
  uint16_t blocks;
  blocks = pixy.getBlocks();     //返回 Pixy 所识别的物体数量
  if (blocks)
  {
    x = pixy.blocks[0].x;        //被识别物体的中心位置在 x 方
                                 //向的坐标
  }
  Serial.println(x);
  delay(100);
}
```

动手做

通过上位机程序 PixyMon 对 Pixy 进行设定，指定要识别的物体的颜色并保存。

第5章
执行机构

5.1 LED 灯

LED 灯(如图 5-1 所示)是最简单、最基本的执行机构,通过它的亮灭,可以反映传感器的状态。本书前面好多关于传感器的实验,都是通过 LED 灯来显示传感器的状态的。

图 5-1 LED 灯

LED 灯模块的供电电压为 5V。

当输入高电平(HIGH)时,灯亮;当输入低电平(LOW)时,灯灭。

例程见前面的传感器模块。

5.2　蜂鸣器

蜂鸣器模块的作用与 LED 灯类似,LED 灯是使用灯的亮灭来显示状态,而蜂鸣器模块则是用声音来显示状态。

蜂鸣器模块分为有源蜂鸣器模块和无源蜂鸣器模块。这里所说的有源和无源并不是指电源,而是指震荡源。有源蜂鸣器模块内含震荡源,通电后能直接发出声音;而无源蜂鸣器模块通电后并不能发出声音,需要给它一个具有一定频率的方波信号才能发出声音。因此,有源蜂鸣器模块(如图 5-2 所示)使用起来比较简单。

图 5-2　有源蜂鸣器模块

蜂鸣器模块的工作电压为 5V,当输入高电平(HIGH)时,会发出声音。

例程

当按钮模块被按下时,有源蜂鸣器模块会发出声音。

```
int buttonPin = 53;        //定义按钮传感器接到 53 口
int buzzerPin = 40;        //40 口接蜂鸣器
int buttonState = 0;       //定义按钮传感器初始状态为 0
```

```
void setup()
{
  pinMode(buzzerPin, OUTPUT);        //定义 40 口为输出口
  pinMode(buttonPin, INPUT);         //定义 53 口为输入口
}

void loop()
{
 buttonState = digitalRead(buttonPin);  //读取 53 口状态
  if (buttonState == LOW)               //如果 53 口为低电平
{
    digitalWrite(buzzerPin, HIGH);//40 口输出高电平,蜂鸣器响
    }
  else {
    digitalWrite(buzzerPin, LOW);  //反之,40 口输出低电平,蜂鸣
                                   //器不发声
  }
}
```

5.3　直流电动机驱动模块

本节主要介绍常用的 L298N 直流电动机驱动模块(如图 5-3 所示)。

主板上有两个输出口,可以分别接两个直流电动机。

有一个电源接口,左边的是电动机电源,输入范围是 7~12V;中间的接地;右边的是 5V 电源输入输出接口。

板上的"板载 5V 使能"跳线帽是使能板载的 5V 逻辑供电。当使用低于 12V 的电动机驱动电压时,可以利用它为控制板提供 5V 电源。当使用大于 12V 的电动机驱动电压时,为了避免稳压芯片损坏,首先要拔掉板载 5V 输出使能的跳线帽,然后在 5V 输入

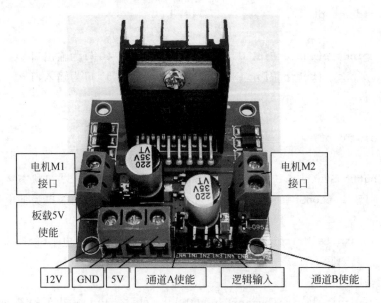

图 5-3　L298N 直流电动机驱动模块

端口外部接入 5V 电压,为 L298N 内部逻辑供电。

ENA 通道 A 使能,ENB 通道 B 使能,当不用 PWM 调速时,不需要拔掉跳线帽;当需要用 PWM 调速时,要拔掉跳线帽,接到 Arduino 上的 PWM 输出接口。

PWM 就是脉宽调制器,通过调制器给电动机提供一个具有一定频率的脉冲宽度可调的脉冲电流。脉冲宽度越大即占空比越大,提供给电动机的平均电压就越大,电动机转速也就越高。反之,脉冲宽度越小,则占空比越小,提供给电动机的平均电压就越小,电动机转速也就越低。

IN1、IN2、IN3、IN4 是逻辑输入口。其中:IN1、IN2 控制一个电动机 M1 的转动;IN3、IN4 控制另一个电动机 M2 的转动。只要一个置高一个置低,就可以让电动机转动起来。

信号控制方式如表 5-1 所示。

表 5-1　信号控制方式

直流电动机	旋转方式	IN1	IN2	IN3	IN4	调速 PWM 信号	
						调速端 A	调速端 B
M1	正转	高	低	/	/	高	/
	反转	低	高	/	/	高	/
	停止	低	低	/	/	高	/
M2	正转	/	/	高	低	/	高
	反转	/	/	低	高	/	高
	停止	/	/	低	低	/	高

例程

下面例子实现的目标是：小车以 100 的速度前进 5s，左转 5s，右转 5s，最后停止。小车的速度可调，赋的值越大，速度越快（本实验通过编程产生 PWM 脉冲控制电动机速度，PWM 值的范围为 0~255。）

如果程序运行后，电动机的转动方向与设定的不一致，那么将电动机控制板上的电动机接线端子上的两根电线颠倒一下即可。

注意：在接线的时候，主控器和电动机驱动板之间一定要共地，以保证控制信号的传输。

```
int ENA = 2;          //左电动机 M1 速度控制,控制板 PWM 接口
int ENB = 3;          //右电动机 M2 速度控制,控制板 PWM 接口
int IN1 = 50;         //左电动机 M1 正反转控制
int IN2 = 51;         //左电动机 M1 正反转控制
int IN3 = 52;         //右电动机 M2 正反转控制
int IN4 = 53;         //右电动机 M2 正反转控制

void setup()
{
  pinMode(IN1, OUTPUT);   //设定各接口为输出口
```

```
      pinMode(IN2, OUTPUT);
      pinMode(IN3, OUTPUT);
      pinMode(IN4, OUTPUT);
      pinMode(ENA, OUTPUT);
      pinMode(ENB, OUTPUT);
      digitalWrite(IN1, LOW);//设定各接口初始值为低电平,小车停止
      digitalWrite(IN2, LOW);
      digitalWrite(IN3, LOW);
      digitalWrite(IN4, LOW);
  }

  void loop()
  {
      forward(100,100);
      delay(5000);
      stopp();
      delay(10);
      turnleft(100,100);          //左转
      delay(5000);
      stopp();
      delay(10);
      turnright(100,100);         //右转
      delay(5000);
      stopp();
      while(1);
  }

  void turnleft(int b, int c)     //定义左转函数
  {
    analogWrite(ENA,b);           //给 ENA 赋一个速度值
    analogWrite(ENB,c);           //给 ENB 赋一个速度值
    digitalWrite(IN1, LOW);       //给 IN1 低电平
    digitalWrite(IN2, HIGH);      //给 IN2 高电平
    digitalWrite(IN3, HIGH);      //给 IN3 高电平
```

```
    digitalWrite(IN4, LOW);          //给 IN4 低电平
}


void turnright(int b,int c)          //定义右转函数
{
    analogWrite(ENA,b);
    analogWrite(ENB,c);
    digitalWrite(IN1, HIGH);         //给高电平
    digitalWrite(IN2, LOW);          //给低电平
    digitalWrite(IN3, LOW);          //给低电平
    digitalWrite(IN4, HIGH);         //给高电平
}


void forward(int b,int c)            //定义前进函数
{
    analogWrite(ENA,b);
    analogWrite(ENB,c);
    digitalWrite(IN1,HIGH );         //给 IN1 高电平
    digitalWrite(IN2, LOW);          //给 IN2 低电平
    digitalWrite(IN3,HIGH );         //给 IN3 高电平
    digitalWrite(IN4, LOW);          //给 IN4 低电平
}


void stopp()                         //定义停止函数
{
    analogWrite(ENA,0);
    analogWrite(ENB,0);
    digitalWrite(IN1, LOW);          //给低电平
    digitalWrite(IN2, LOW);          //给低电平
    digitalWrite(IN3, LOW);          //给低电平
    digitalWrite(IN4, LOW);          //给低电平
}
```

5.4 直流电动机

直流电动机(如图 5-4 所示)作为机器人系统的主要执行单元,为机器人实现灵活运动提供动力来源。直流电动机是将电能转换为机械能的转动装置,因其良好的调速性能而得到广泛应用。

图 5-4   直流电动机

直流电动机由定子和转子两部分组成。运行时静止不动的部分称为定子,定子的主要作用是产生磁场,由机座、主磁极、换向极、端盖、轴承和电刷装置等组成。运行时转动的部分称为转子,其主要作用是产生电磁转矩和感应电动势,是直流电动机进行能量转换的枢纽。

直流电动机是根据通电流的导体在磁场中会受力的原理来工作的,即电工基础中的左手定则。电动机的转子上绕有线圈,通入电流,永磁电动机的定子为永磁铁,产生定子磁场,通电流的转子线圈在定子磁场中就会产生电动力,推动转子旋转。转子电流通过整流子上的碳刷连接到直流电源。

我们用得最多的是直流减速电动机。

直流减速电动机是市场上最普及的齿轮减速电动机。它具有体积小、重量轻、力矩大、控制能力强、结构紧凑、运行可靠等优点，被广泛应用在很多行业。

直流减速电动机也被称为齿轮减速电动机，它是在普通直流电动机的基础上，加上配套齿轮减速箱组成的。齿轮减速箱的作用是可提供较低的转速和较大的力矩。同时，齿轮箱不同的减速比可以提供不同的转速和力矩，这大大提高了直流电动机在自动化行业中的使用率。减速电动机是减速机和电动机的集成体。

直流电动机的选型如下。

(1) 明确电动机安装的空间大小，以确定电动机的大小。

(2) 确定电动机可用的工作电压和电流。

(3) 确定电动机的转速。

(4) 确定电动机的转矩。

直流减速电动机在实际使用中，可以利用直流电动机驱动板来控制电动机的转速和旋转方向。

5.5 舵机

在机器人机电控制系统中，舵机的控制效果非常重要，它作为基本的输出执行机构，简单的控制操作使其在使用时非常方便。

舵机(如图 5-5 所示)是一种位置(角度)伺服的驱动器，适用于那些保持一定角度的控制系统。它主要由外壳、电路板、电动机、齿轮、位置检测器等构成。

舵机常用的控制信号是一个周期为 20ms 左右，宽度为 1ms 到 2ms 的脉冲信号。当舵机收到该信号后，会马上激发出一个与

图 5-5　单轴舵机

之相同的,宽度为 1.5ms 的负向标准的中位脉冲。之后两个脉冲在一个加法器中进行相加,得到所谓的差值脉冲。输入信号脉冲如果宽于负向的标准脉冲,得到的就是正的差值脉冲。如果输入脉冲比标准脉冲窄,相加后得到的肯定是负的脉冲。此差值脉冲放大后,就是驱动舵机正反转动的动力信号。舵机电动机的转动通过齿轮组减速后,同时驱动转盘和标准脉冲宽度调节电位器转动,直到标准脉冲与输入脉冲宽度完全相同,差值脉冲消失时,才会停止转动。

舵机的工作电压一般为 5V。

Arduino 控制舵机有自带的函数库"Servo. h",在程序中可以很方便地进行调用。

其中几个常用的函数如下。

(1) attach(接口),设定舵机与控制器相连接的接口。舵机要与控制器的 PWM 接口相连接。

（2）write(角度)，设定舵机旋转的角度，范围是 0°～180°。

（3）read()，读取舵机的角度。

例程

目标：利用 Arduino 控制器控制舵机从 0°转到 180°，然后再从 180°转到 0°，如此循环。

```
# include < Servo. h >        //调用舵机库
Servo myservo;               //定义舵机变量
int pos = 0;                 //给整型变量 pos 赋值 0,设定舵机初始
                             //角度为 0°


void setup()
{
  myservo.attach(9);         //舵机接到控制板 9 号口
}


void loop()
{
 for (pos = 0; pos <= 180; pos += 1)   //pos 值从 0 到 180
 {
    myservo.write(pos);   //把 pos 值发送给舵机
    delay(15);            //等待 15ms
  }
  for (pos = 180; pos >= 0; pos -= 1) //从 180 到 0
{
    myservo.write(pos);   //把 pos 值发送给舵机
    delay(15);            //等待 15ms
  }
}
```

5.6　机械手臂

机械手臂是机械手和机械臂的合体。

作为机器人的抓取机构,机械手臂为机器人实现精准抓取提供了可能,是机器人系统中的重要组成部分。

机械手主要由爪子和舵机组成,通过对舵机的控制,可以实现爪子的收紧和打开,以便对物体进行抓取和放下。

机械臂的主要作用是将爪子移到所需位置,以便对物体进行抓取。

机械臂的种类比较多,图 5-6、图 5-7 这两种是我们常用的,它们结构简单,容易控制。

图 5-6 只有两个自由度,它由两个舵机来完成机械臂的前后伸缩和升降运动。

图 5-6　两个自由度的机械手臂

图 5-7 有三个自由度，增加了机械臂在水平方向的转动，这个转动的动力也是来自舵机。这样，这个手臂就有三种运动：伸缩、升降和旋转。

图 5-7 三个自由度的机械手臂

例程

目标：三个自由度的机械手臂在原地旋转、伸缩或升降，将指定位置的物体抓起保持，然后机械手臂回到原位。

```
# include < Servo. h >        //调用舵机库
Servo myservoA;              //定义舵机变量底座
Servo myservoB;              //大臂
Servo myservoC;              //小臂
Servo myservoD;              //爪子
int pos;                     //定义舵机初始位置
int pos1 = 82;               //底座
int pos2 = 90;               //大臂
int pos3 = 100;              //小臂
int pos4 = 70;               //爪子已经打开


void setup()
```

```
{
    myservoA.attach(2);      //定义舵机接口底座
    myservoB.attach(3);      //大臂
    myservoC.attach(4);      //小臂
    myservoD.attach(5);      //爪子
    myservoA.write(pos1);    //写入舵机初始值
    myservoB.write(pos2);
    myservoC.write(pos3);
    myservoD.write(pos4);
}

void loop()                  //抓指定位置的物体
{
    servoCr(45);             //小臂上
    servoAr(62);             //向右旋转底座
    servoBr(35);             //大臂下
    servoCr(11);             //小臂上
    servoBr(10);             //大臂下
    servoDl(120);            //收爪子
    servoBl(50);             //大臂上
    servoAl(62);             //底座左转
    servoCl(65);             //小臂下
}

void servoAl(int a)          //底座左转
{
    for (i = 0; i <= a; i += 1)
    {
     pos1 += 1;
     myservoA.write(pos1);
     delay(20);
    }
}
void servoAr(int a)          //向右旋转底座
```

```
{
  for (i = 0; i <= a; i += 1)
  {
   pos1 -= 1;
   myservoA.write(pos1);
   delay(20);
  }
}
void servoBl(int a)        //大臂上
{
  for (i = 0; i <= a; i += 1)
  {
   pos2 += 1;
   myservoB.write(pos2);
   delay(20);
  }
}
void servoBr(int a)        //大臂下
{
  for (i = 0; i <= a; i += 1)
  {
   pos2 -= 1;
   myservoB.write(pos2);
   delay(20);
  }
}
void servoCl(int a)        //小臂下
{
  for (i = 0; i <= a; i += 1)
  {
   pos3 += 1;
   myservoC.write(pos3);
   delay(20);
  }
```

```
}
void servoCr(int a)          //小臂上
{
  for (i = 0; i <= a; i += 1)
  {
   pos3 -= 1;
   myservoC.write(pos3);
   delay(20);
  }
}
void servoDl(int a)          //收爪子
{
  for (i = 0; i <= a; i += 1)
  {
   pos4 += 1;
   myservoD.write(pos4);
   delay(20);
  }
}
void servoDr(int a)          //打开爪子
{
  for (i = 0; i <= a; i += 1)
  {
   pos4 -= 1;
   myservoD.write(pos4);
   delay(20);
  }
}
```

第6章
综合应用

6.1 智能机器人工程任务挑战赛(双车协同)

1. 任务要求

任务场地如图 6-1 所示,场地尺寸为 $400\text{cm} \times 400\text{cm}$。

要求搬运车从出发场地出发,途经 1 号路或 2 号路,到达 1 号仓库或 2 号仓库,将指定的物料搬走;拿到物料后,途经 3 号路或 4 号路,到达物料交接区,将物料交给在运输车出发区等待的运输车;物料交出后,搬运车返回到搬运车出发场地。

运输车在接收到物料后开始出发,途经 5 号路或 6 号路,到达高速公路入口,停留 3s 后进入高速公路。运输车途经服务区时,要进入停车位 1 或停车位 2 休息 3s,然后继续前进,到达高速公路出口,停留 3s 后出高速公路,继续前进,在转盘处沿右侧前进,最终到达 3 号仓库或 4 号仓库。任务完成。

其中,1 号路、2 号路、3 号路、4 号路、5 号路、6 号路、停车位 1、停车位 2、1 号仓库、2 号仓库、3 号仓库、4 号仓库为随机选取。

小车(指搬运车和运输车)的要求如下。

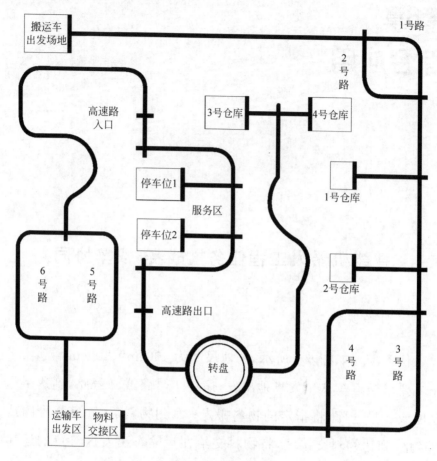

图6-1　任务场地图

（1）控制器采用 Arduino 控制器。

（2）两台小车出发点的尺寸在 35cm（长）×20cm（宽）×20cm（高）以内。

（3）每台小车最多可用 4 台电动机（舵机除外）。

（4）电池的额定电压为 12V。

（5）其他器件随意选择。

2. 任务分析

为了完成任务,需要进行如下操作。

(1) 每台小车都要有控制器。

(2) 两台小车能够沿着黑线运动,即巡线,需要配备巡线传感器。

(3) 为了搬运物体,搬运车要有机械手臂。

(4) 运输车配备一个光电开关传感器,以实现在接收到物料后自动运行。

(5) 每台小车需要配备一套底盘系统。

(6) 每台小车需要配备一套电源系统。

(7) 为了减少外界光线的干扰,最好给巡线传感器加上遮光罩。

3. 器材选择

两台小车相同的部分如下。

(1) 电源系统。

选用 12.6V 一组的锂电池,同时配备一个 DC-DC 5V 降压模块,给主控板和扩展板供电。

(2) 底盘系统。

小车的底盘系统选用一个符合尺寸要求的车身、4 个 JGA25-370 DC 12V 400r/min 的直流减速电动机、4 个联轴器、4 个车轮。

由于空间的限制,直流电动机驱动板选用 AQMH2407ND 12V/24V 7A 双路隔离直流电动机驱动模块(如图 6-2 所示),其信号控制方式与 L298N 直流电动机驱动模块完全一样,可以完美替换。

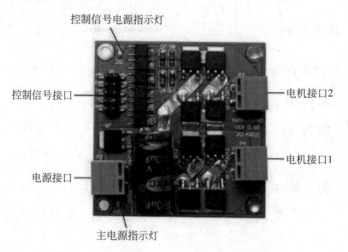

控制信号电源指示灯

控制信号接口 ←

电机接口2 →

电机接口1 →

电源接口 ←

主电源指示灯

图 6-2　AQMH2407ND 直流电动机驱动模块

两台小车不同的部分如下。

（1）搬运车为了以后的功能扩展,选用 Mega2560 控制器。

（2）搬运车需配置一个 2 自由度的机械手臂,用以对物料的搬运。

（3）搬运车使用一个开关按键传感器来启动搬运车。

（4）运输车选用 Uno 控制器。

（5）运输车配置一个光电开关传感器,目的是当收到搬运车转运来的物料后,能够自动运行。

4. 小车的组装

将所选择的器材组装起来,组装后的效果如图 6-3 所示;小车的内部结构如图 6-4 所示;巡线传感器遮光罩如图 6-5 所示。

5. 线路的连接

搬运车 Mega2560 主板接线表如表 6-1 所示。

(a) 搬运车

(b) 运输车

图 6-3　小车组装效果图

图 6-4　小车内部结构图

图 6-5　巡线传感器遮光罩

表 6-1   搬运车 Mega2560 主板接线表

轮	使能	刹车	正转	反转
左轮	IN1	0	1	0
	IN2	0	0	1
右轮	IN3	0	1	0
	IN4	0	0	1

(1) 巡线传感器。

OUT1→41   OUT2→42   OUT3→43

OUT4→44   OUT5→45

(2) 黑线：灯灭,输出低电平。

(3) 白线：灯亮,输出高电平。

(4) 机械臂。

爪子   4

上舵机   5

下舵机   6

开关   20

按下时,输出低电平。

(5) 电动机控制。

ENA   2   ENB   3

IN1   14   IN3   16

IN2   15   IN4   17

(6) 左轮。

ENA 控制   接电动机驱动板 P4 接口

(7) 右轮。

ENB 控制   接电动机驱动板 P3 接口

左右轮以车的前进方向划分。

前进时,设定为左轮正转,右轮反转。

运输车 Uno 主板的接线表如下。

(1) 巡线传感器。

OUT1→A0　　OUT2→A1　　OUT3→A2

OUT4→A3　　OUT5→A4

(2) 黑线:灯灭,输出低电平。

(3) 白线:灯亮,输出高电平。

红外开关传感器 4

检测到物体时,输出低电平。

(4) 电动机控制。

ENA　5　　　　ENB　6

IN1　2　　　　IN3　8

IN2　3　　　　IN4　9

(5) 左轮。

ENA 控制　接电动机驱动板 P4 接口

(6) 右轮。

ENB 控制　接电动机驱动板 P3 接口

左右轮以车的前进方向划分。

前进时,设定为左轮正转,右轮反转。

6. 巡线状态分析

我们选用的是 5 路巡线传感器。在实际使用中,只用 4 路即可,即只使用两侧的各两路,中间一路不用,从左至右依次为 OUT1、OUT2、OUT3、OUT4、OUT5,标记为 R1、R2、R3、R4、R5。

当传感器检测到黑线时,输出低电平(0);当传感器没检测到黑线时,输出高电平(1)。那么根据道路情况,会出现以下结果。

表6-2列出了在各种交叉路口可能会出现的状况。

表6-2 在各种交叉路口可能会出现的状况

路口	R1	R2	R4	R5
┼	0	0	0	0
├	1	0	0	0
├	1	1	0	0
┤	0	0	0	1
┤	0	0	1	1
其他可能会出现的状况	0	1	0	0
	0	0	1	0

当出现:

(1) 11 11状态,表示巡线传感器在黑线的两侧。

(2) 01 10状态,理论上存在。

(3) 10 01状态,理论上存在。

这时,小车为直行状态。

当出现:

(1) 10 11状态,2号传感器检测到黑线,车头偏向右前方。

(2) 10 10状态,理论上存在。

(3) 01 11状态,理论上存在。

这时,小车前进方向偏右,需要向左调整。

当出现:

(1) 11 01状态,3号传感器检测到黑线,车头偏向左前方。

(2) 01 01状态,理论上存在。

(3) 11 10状态,理论上存在。

这时,小车前进方向<u>偏左</u>,需要向右调整。

7. 程序的编写

(1) 搬运车。

下面是根据智能机器人工程任务挑战赛(双车协同)编写的搬运车的相关代码。

```
#include <Servo.h>      //调用舵机库
int i = 0;              //定义整形变量,并赋初始值
char fencha = 0;        //定义一个字符型变量,用于分叉路口的计数
int ENA = 2;            //左电动机速度控制
int ENB = 3;            //右电动机速度控制
int IN1 = 14;           //左电动机正反转控制
int IN2 = 15;           //左电动机正反转控制
int IN3 = 16;           //右电动机正反转控制
int IN4 = 17;           //右电动机正反转控制

int value1 = 41 ;       //定义 1 号巡线传感器引脚
int value2 = 42 ;       //定义 2 号巡线传感器引脚
//int value3 = 43; 不用
int value4 = 44;        //定义 4 号巡线传感器引脚
int value5 = 45;        //定义 5 号巡线传感器引脚

Servo myservoA;         //定义爪子变量
Servo myservoB;         //定义机械臂上舵机变量
Servo myservoC;         //定义机械臂下舵机变量

int pos;                //定义舵机初始位置
int pos1 = 100;         //爪子初始位置
int pos2 = 30;          //机械臂上舵机初始位置
int pos3 = 250;         //机械臂下舵机初始位置
```

```
const int buttonPin = 20;           //定义红外开关的位置
int buttonState = 0;                //定义红外开关的状态为 0

void setup()
{
  pinMode(IN1, OUTPUT);             //定义 14 口为输出
  pinMode(IN2, OUTPUT);             //定义 15 口为输出
  pinMode(IN3, OUTPUT);             //定义 16 口为输出
  pinMode(IN4, OUTPUT);             //定义 17 口为输出
  pinMode(ENA, OUTPUT);             //定义 2 口为输出
  pinMode(ENB, OUTPUT);             //定义 3 口为输出

  pinMode(value1,INPUT);            //定义 41 口为输入
  pinMode(value2,INPUT);            //定义 42 口为输入
  //pinMode(value3,INPUT); 不用
  pinMode(value4,INPUT);            //定义 44 口为输入
  pinMode(value5,INPUT);            //定义 45 口为输入

  digitalWrite(IN1, LOW);           //14 口输出低电平
  digitalWrite(IN2, LOW);           //15 口输出低电平
  digitalWrite(IN3, LOW);           //16 口输出低电平
  digitalWrite(IN4, LOW);           //17 口输出低电平

  pinMode(buttonPin, INPUT);        //定义 20 口为输入

  myservoA.attach(4);               //定义爪子舵机接口 4
  myservoB.attach(5);               //定义机械臂上舵机接口 5
  myservoC.attach(6);               //定义机械臂下舵机接口 6

  myservoA.write(pos1);             //写入舵机初始值
  myservoB.write(pos2);
  myservoC.write(pos3);
}
```

```
void turnleft(int b,int c)          //向左调整
{
analogWrite(ENA,b);
    analogWrite(ENB,c);
    digitalWrite(IN1, LOW);         //给高电平
    digitalWrite(IN2, HIGH);        //给低电平
    digitalWrite(IN3, LOW);         //给高电平
    digitalWrite(IN4, HIGH);        //给低电平
}
void turnleftxx()                   //左转弯
{
forwardxx();
turnleft(150,150);
delay(25);
while(1)
{
turnleft(150,150);
if

((digitalRead(value1) == HIGH) && (digitalRead(value2) == LOW)
 && (digitalRead(value4) == HIGH) &&(digitalRead(value5) == HIGH))

break;
}
}

void turnright(int b,int c)         //向右调整
{
    analogWrite(ENA,b);
    analogWrite(ENB,c);
    digitalWrite(IN1, HIGH);        //给高电平
    digitalWrite(IN2, LOW);         //给低电平
    digitalWrite(IN3, HIGH);        //给高电平
    digitalWrite(IN4, LOW);         //给低电平
```

```
}

void turnrightxx()                    //右转弯
{
forwardxx();

turnright(150,150);
delay(25);
while(1)
{
  turnright(150,150);
if
((digitalRead(value1) == HIGH) && (digitalRead(value2) == HIGH)
 && (digitalRead(value4) == LOW) && (digitalRead(value5) == HIGH))

break;
}
}

void turnback()                       //调头
{
turnright(150,150);
delay(100);
while(1)
{
turnright(150,150);
if

((digitalRead(value1) == HIGH) && (digitalRead(value2) == HIGH)
 && (digitalRead(value4) == LOW) && (digitalRead(value5) == HIGH))
break;
}
}
```

```
void forward( int b, int c)          //前进
{
    analogWrite(ENA,b);
    analogWrite(END,c);
    digitalWrite(IN1,HIGH );         //给高电平
    digitalWrite(IN2, LOW);          //给低电平
    digitalWrite(IN3,LOW );          //给高电平
    digitalWrite(IN4, HIGH);         //给低电平
}


void forwardxx()                     //慢速前进
{
forward(90,90);
delay(25);
}


void back( int b, int c)             //后退
{
    analogWrite(ENA,b);
    analogWrite(ENB,c);
    digitalWrite(IN1, LOW);          //给高电平
    digitalWrite(IN2, HIGH);         //给低电平
    digitalWrite(IN3, HIGH);         //给高电平
    digitalWrite(IN4, LOW);          //给低电平
}


void stopp()                         //停止
{
    analogWrite(ENA,0);
    analogWrite(ENB,0);
    digitalWrite(IN1, LOW);          //给高电平
    digitalWrite(IN2, LOW);          //给低电平
    digitalWrite(IN3, LOW);          //给高电平
```

```
    digitalWrite(IN4, LOW);          //给低电平
  }

    void servoAl(int a)              //爪子收紧
  {
    for (i = 0; i <= a; i += 2)
    {
      pos1 += 2;
      myservoA.write(pos1);
      delay(20);
    }
  }
  void servoAr(int a)                //爪子打开
  {
    for (i = 0; i <= a; i += 2)
    {
      pos1 -= 2;
      myservoA.write(pos1);
      delay(20);
    }
  }
  void servoBl(int a)                //机械臂上舵机向下
  {
    for (i = 0; i <= a; i += 2)
    {
      pos2 += 2;
      myservoB.write(pos2);
      delay(20);
    }
  }
  void servoBr(int a)                //机械臂上舵机向上
  {
    for (i = 0; i <= a; i += 2)
    {
```

```
      pos2 -= 2;
      myservoB.write(pos2);
      delay(20);
    }
  }
void servoCr(int a)                    //机械臂下舵机向后
{
    for (i = 0; i <= a; i += 2)
    {
      pos3 += 2;
      myservoC.write(pos3);
      delay(20);
    }
}
void servoCl(int a)                    //机械臂下舵机向前
{
    for (i = 0; i <= a; i += 2)
    {
      pos3 -= 2;
      myservoC.write(pos3);
      delay(20);
    }
}


void servo1()                          //抓物体
{
    servoAl(150);                      //收爪子

    servoCr(100);                      //下舵机向后
    servoBr(50);                       //上舵机向上
}


void servo2()                          //放物体
{
```

```
  servoCl(30);                      //下舵机向前
  servoBl(120);                     //上舵机向下
  servoAr(120);                     //打开爪子,放下物体
  servoBr(100);                     //上舵机向上
  servoCr(120);                     //下舵机向后
 }

void loop()
{
  Do                                //等待按钮开关状态
  {
  buttonState = digitalRead(buttonPin);
  }
  while(buttonState == HIGH);
  while(1)
{
if
(
((digitalRead(value1) == LOW) && (digitalRead(value2) == LOW)
 && (digitalRead(value4) == LOW) &&( digitalRead(value5) == LOW ))
//十字路口,车头朝前 +0000 ||((digitalRead(value1) == HIGH) &&
(digitalRead(value2) == LOW)
 && (digitalRead(value4) == LOW) &&(digitalRead(value5) == LOW))
//├ 1000
|| ((digitalRead(value1) == LOW) && (digitalRead(value2) == LOW)
 && (digitalRead(value4) == LOW) &&(digitalRead(value5) == HIGH))
//┤ 0001
)
{
  fencha++;                        //对岔路口进行计数
  switch(fencha)                   //在不同的路口,选择不同的分支
  {
case 1:forward(80,80); delay(100); break;   //2 号路
case 2:turnrightxx();break;                 //右转
```

```
    case 3:turnrightxx();break;                      //右转
    case 4: turnrightxx ( );  stopp ( ); servoCl ( 240 ); servoBl ( 20 );
break; //去 1 号仓库
    case 5:stopp();servo1();turnright(200,200);delay(200);
    turnrightxx();break;                             //抓物体,返回
    case 6:turnrightxx();break;                      //右转
    case 7:forward(80,80);delay(150);break;          //直行
    case 8:forward(80,80);delay(100);break;          //3 号路
    case 9:forward(80,80);delay(100); break;         //直行
    case 10:forward(80,80);delay(300);stopp();
            servo2();back(80,80);delay(600);turnrightxx();
            break;                                   //放物体,返回
    case 11:forward(80,80);delay(100); break;
    case 12:forward(80,80);delay(100); break;
    case 13:forward(80,80);delay(100); break;
    case 14:forward(80,80);delay(100); break;
    case 15:forward(80,80);delay(100); break;
    case 16:forward(80,80);delay(100); break;
    case 17:forward(80,80);delay(350);stopp();
            delay(10000);break;
    }
    }
    else if                                          //直行
((digitalRead(value1) == HIGH) && (digitalRead(value2) == HIGH)
 &&(digitalRead(value4) == HIGH) &&(digitalRead(value5) ==
HIGH))
//1111 表示传感器在黑线的两侧
    {
        forward(80,80);
    }
    else if                                          //偏右,向左调整
(
((digitalRead(value1) == HIGH) && (digitalRead(value2) == LOW)
 &&(digitalRead(value4) == HIGH) &&(digitalRead(value5) == HIGH))
//2 号传感器碰到黑线,车头偏向右前方
```

```
||((digitalRead(value1) == HIGH) && (digitalRead(value2) == LOW)
&&(digitalRead(value4) == HIGH) &&(digitalRead(value5) == LOW))
//1010 理论存在
||((digitalRead(value1) == LOW) && (digitalRead(value2) == HIGH)
&&(digitalRead(value4) == HIGH) &&(digitalRead(value5) == HIGH))
//0111 理论存在
||((digitalRead(value1) == LOW) && (digitalRead(value2) == LOW)
&&(digitalRead(value4) == HIGH) &&(digitalRead(value5) == HIGH))
//0011
  )
  {
    turnleft(200,200);    //车头偏向右前方,这时需要左轮转速
                          //慢,右轮转速快,车头向左侧调整

  }

  else if                              //偏左,向右调整
  (
((digitalRead(value1) == HIGH) && (digitalRead(value2) == HIGH)
 && (digitalRead(value4) == LOW) &&(digitalRead(value5) == HIGH))
//1101 3 号传感器碰到黑线,车头偏向左前方
||((digitalRead(value1) == LOW) && (digitalRead(value2) == HIGH)
 && (digitalRead(value4) == LOW) &&(digitalRead(value5) == HIGH) )
//0101 理论存在
||((digitalRead(value1) == HIGH) &&(digitalRead(value2) == HIGH)
 &&(digitalRead(value4) == HIGH) &&(digitalRead(value5) == LOW))
//1110 理论存在
||((digitalRead(value1) == HIGH) &&(digitalRead(value2) == HIGH)
 &&(digitalRead(value4) == LOW) &&(digitalRead(value5) == LOW))
//1100
  {
turnright(200,200);    //车头偏向左前方,这时需要左轮转速快,右
                       //轮转速慢,车头向右侧调整
  }
 }
 }
```

（2）运输车。

下面是根据智能机器人工程任务挑战赛（双车协同）编写的运输车的相关代码。

```
int i = 0;
char fencha = 0;

int ENA = 5;                    //左电动机速度控制
int ENB = 6;                    //右电动机速度控制


int IN1 = 2;                    //左电动机正反转控制
int IN2 = 3;                    //左电动机正反转控制
int IN3 = 8;                    //右电动机正反转控制
int IN4 = 9;                    //右电动机正反转控制
int value1 = A0 ;               //定义 1 号巡线传感器接口
int value2 = A1 ;               //定义 2 号巡线传感器接口
//int value3 = A2; 不用
int value4 = A3;                //定义 4 号巡线传感器接口
int value5 = A4;                //定义 5 号巡线传感器接口

const int buttonPin = 4;        //定义红外开关的接口
int buttonState = 1;

void setup()
{
  pinMode(IN1, OUTPUT);         //定义 2 口为输出
  pinMode(IN2, OUTPUT);         //定义 3 口为输出
  pinMode(IN3, OUTPUT);         //定义 8 口为输出
  pinMode(IN4, OUTPUT);         //定义 9 口为输出
  pinMode(ENA, OUTPUT);         //定义 5 口为输出
  pinMode(ENB, OUTPUT);         //定义 6 口为输出

  pinMode(value1,INPUT);        //定义 A0 口为输入
```

```
    pinMode(value2,INPUT);              //定义 A1 口为输入
    //pinMode(value3,INPUT); 不用
    pinMode(value4,INPUT);              //定义 A3 口为输入
    pinMode(value5,INPUT);              //定义 A4 口为输入

    digitalWrite(IN1, LOW);
    digitalWrite(IN2, LOW);
    digitalWrite(IN3, LOW);
    digitalWrite(IN4, LOW);

    pinMode(buttonPin, INPUT);          //定义 4 号接口为输入

}

void turnleft(int b,int c)              //向左调整
{
    analogWrite(ENA,b);
    analogWrite(ENB,c);
    digitalWrite(IN1, LOW);             //给高电平
    digitalWrite(IN2, HIGH);            //给低电平
    digitalWrite(IN3, LOW);             //给高电平
    digitalWrite(IN4, HIGH);            //给低电平
}

void turnleftxx() 左转
{
forwardxx();
turnleft(150,150);
delay(25);
while(1)
{
turnleft(150,150);
if
((digitalRead(value1) == HIGH) && (digitalRead(value2) == LOW)
```

```
&&(digitalRead(value4) == HIGH) &&(digitalRead(value5) == HIGH))
break;
}
}

void turnright(int b, int c)        //向右调整
{
    analogWrite(ENA, b);
    analogWrite(ENB, c);
    digitalWrite(IN1, HIGH);        //给高电平
    digitalWrite(IN2, LOW);         //给低电平
    digitalWrite(IN3, HIGH);        //给高电平
    digitalWrite(IN4, LOW);         //给低电平
}

void turnrightxx()                  //右转
{
forwardxx();
turnright(150,150);
delay(25);

while(1)
{
turnright(150,150);
if
((digitalRead(value1) == HIGH) && (digitalRead(value2) == HIGH)
&&(digitalRead(value4) == LOW) && (digitalRead(value5) == HIGH))
break;
}
}

void turnback()                     //调头
{
turnright(150,150);
```

```
delay(100);
while(1)
{
turnright(150,150);
if
((digitalRead(value1) == HIGH) && (digitalRead(value2) == HIGH)
 &&(digitalRead(value4) == LOW) && (digitalRead(value5) == HIGH))
break;
}
}


void forward( int b, int c)              //前进
{
    analogWrite(ENA,b);
    analogWrite(ENB,c);
    digitalWrite(IN1,HIGH );        //给高电平
    digitalWrite(IN2, LOW);         //给低电平
    digitalWrite(IN3,LOW );         //给高电平
    digitalWrite(IN4, HIGH);        //给低电平
}


void forwardxx()                         //定速前进
{
forward(90,90);
delay(25);
}


void back( int b, int c)                 //后退
{
    analogWrite(ENA,b);
    analogWrite(ENB,c);
    digitalWrite(IN1, LOW);         //给高电平
    digitalWrite(IN2, HIGH);        //给低电平
    digitalWrite(IN3, HIGH);        //给高电平
```

```
    digitalWrite(IN4, LOW);              //给低电平
}

void stopp()                             //停止
{
    analogWrite(ENA,0);
    analogWrite(ENB,0);
    digitalWrite(IN1, LOW);              //给高电平
    digitalWrite(IN2, LOW);              //给低电平
    digitalWrite(IN3, LOW);              //给高电平
    digitalWrite(IN4, LOW);              //给低电平
}

void loop()
{
    Do                                   //等待光电开关传感器的信号
    {
    buttonState = digitalRead(buttonPin);
    }
    while(buttonState == HIGH);
     delay(3000);
    forward(80,80);
    delay(1000);
    while(1)

{
if
(
((digitalRead(value1) == LOW) && (digitalRead(value2) == LOW)
 && (digitalRead(value4) == LOW) &&( digitalRead(value5) == LOW ))
//十字路口,车头朝前 ＋0000
||((digitalRead(value1) == HIGH) && (digitalRead(value2) == LOW)
 && (digitalRead(value4) == LOW) &&(digitalRead(value5) == LOW) )
//├ 1000
```

```
|| ((digitalRead(value1) == LOW) && (digitalRead(value2) == LOW)
 && (digitalRead(value4) == LOW) &&(digitalRead(value5) == HIGH) )
//┤ 0001
 )
{
  fencha++;                      //对岔路口进行计数

  switch(fencha)                 //在不同的路口,选择不同的分支
  {
case 1:turnleftxx(); break;      //走 6 号路
case 2: turnleftxx(); break;     //左转
case 3:stopp();delay(3000);forward(80,80);
      delay(100);break;          //高速路入口,停留 3 秒
case 4:turnleftxx(); break;      //左转
case 5:forward(80,80);delay(100);break;    //越过停车位 1
case 6:turnrightxx();break;      //进入停车位 2 路口
case 7:forwardxx();forward(80,80);delay(400);
      stopp();delay(3000);back(80,80);delay(550);
      turnback();break;          //进入停车位 2,停留 3 秒,倒退出
                                 //白色区域,然后向后转
 case 8:turnrightxx();break;     //右转出停车位 2 路口
 case 9:turnleftxx(); break;     //左转
  case 10:stopp();delay(3000);forward(80,80);
      delay(100);break;          //高速路出口,停留 3 秒
 case 11:turnrightxx();break;    //右转进入转盘
 case 12:turnrightxx();break;    //右转出转盘
 case 13:turnrightxx();break;    //右转,进入 4 号仓库
 case 14:forward(90,90);delay(400);stopp();
      delay(100000);break;       //进到 4 号仓库内部
}
}

  else if                        //直行
(
```

```
((digitalRead(value1) == HIGH) && (digitalRead(value2) == HIGH)
 &&(digitalRead(value4) == HIGH) &&(digitalRead(value5) ==
HIGH))//11011 表示传感器在黑线的两侧
    )
    {
        forward(80,80);
    }
else if                          //车头偏向右前方,向左调整
(
((digitalRead(value1) == HIGH) && (digitalRead(value2) == LOW)
 &&(digitalRead(value4) == HIGH)&&(digitalRead(value5) == HIGH))
//1011 2 号传感器碰到黑线,车头偏向右前方
||((digitalRead(value1) == HIGH) && (digitalRead(value2) == LOW)
 &&(digitalRead(value4) == HIGH)&&(digitalRead(value5) == LOW))
//1010 理论存在
||((digitalRead(value1) == LOW) && (digitalRead(value2) == HIGH)
 &&(digitalRead(value4) == HIGH)&&(digitalRead(value5) == HIGH))
//0111 理论存在
||((digitalRead(value1) == LOW) && (digitalRead(value2) == LOW)
 &&(digitalRead(value4) == HIGH)&&(digitalRead(value5) == HIGH))
//0011
    )
    {
turnleft(200,200);    //左轮转速慢,右轮转速快,车头向左侧调整
    }

    else if                       //车头偏向左前方,向右调整
(
((digitalRead(value1) == HIGH) && (digitalRead(value2) == HIGH)
 &&(digitalRead(value4) == LOW)&(digitalRead(value5) == HIGH))
//1101 4 号传感器碰到黑线,车头偏向左前方
||((digitalRead(value1) == LOW) && (digitalRead(value2) == HIGH)
 && (digitalRead(value4) == LOW) &&(digitalRead(value5) == HIGH) )
//0101 理论存在
```

```
||((digitalRead(value1) == HIGH)&& (digitalRead(value2) == HIGH)
 &&(digitalRead(value4) == HIGH)&&(digitalRead(value5) == LOW))
//1110 理论存在
||((digitalRead(value1) == HIGH && (digitalRead(value2) == HIGH)
 &&(digitalRead(value4) == LOW)&&(digitalRead(value5) == LOW))
//1100
 )
 {
turnright(200,200);    //左轮转速快,右轮转速慢,车头向右侧调整
 }


 }
}
```

6.2　智能机器人工程任务挑战赛 （单车任务 高级版）

1. 任务要求

完成任务的场地如图 6-6 所示,尺寸是 400cm×400cm。场地的具体尺寸如图 6-7 所示;启动平台如图 6-8 所示;双边桥如图 6-9 所示。

一辆自主运动的搬运机器人,想要将一个物品从一张桌子上面转移到另一张桌面上。比赛场地是一个厂区室内环境,包括一个启动平台、一个障碍物、一个双边桥和两张桌子。

需要完成的任务:从起始点出发,精确行驶下斜坡;准确定位到一张桌子的边缘,抓取物品,然后通过双边桥,将物品转移到指定的桌子上;通过障碍通道,回到基地位置,整个过程必须自主完成。

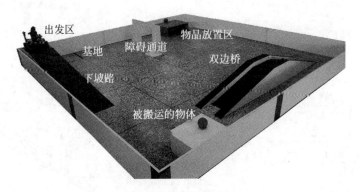

图 6-6　任务场地图

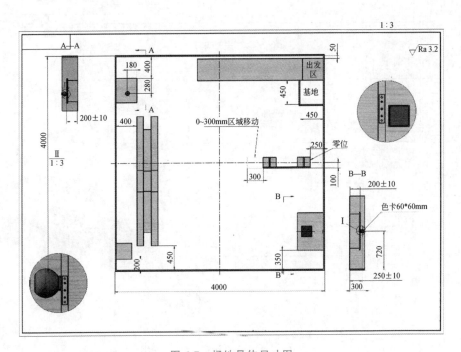

图 6-7　场地具体尺寸图

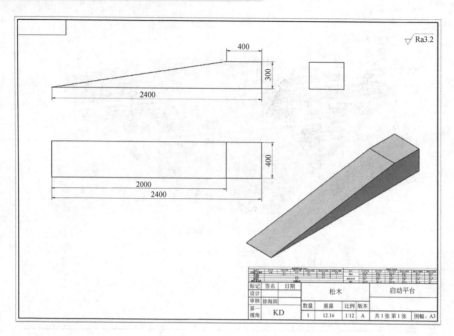

图 6-8 启动平台

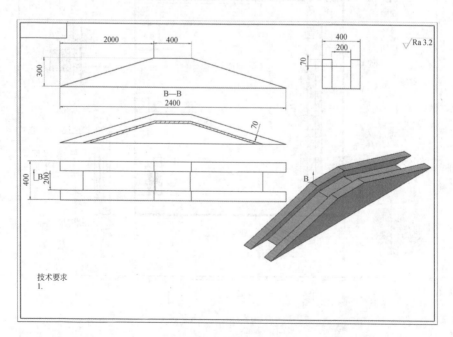

图 6-9 双边桥

2. 任务分析

要完成这项任务,首先小车要能够运动,而且要自主运动,同时还要精确定位,能够找到物体并识别物体,然后将物体搬起。要通过双边桥,保证被搬运的物体不掉落;然后找到放置物体的位置,并将物体放到指定的位置;最后通过障碍通道,到达基地位置。

3. 器材选择

(1) 小车底盘。

小车底盘为铝合金制作的双层结构。

(2) 电动机。

为实现在运动中的精确控制,我们选用了 4 个带编码器的直流减速电动机。具体型号是德国冯哈伯(FAULHABER)带编码器空心杯减速电动机 2342L012,该直流电动机额定电压为 12V,输出功率为 17W,输出扭矩大,减速比高,适用于智能小车中转速反馈控制。

(3) 电动机控制模块。

采用闭环方式控制电动机运行需要用到图 6-10 所示的电动机驱动模块。这是一块 Neurons 智能 PID 电动机驱动模块,其自带的控制器可以进行 PID 运算、梯形图控制。由板上的 L298N 来进行直流电动机驱动的智能模块是一个驱动+闭环控制的模块,而非简单地驱动。与其他电动机驱动模块相比,本智能模块包含了电动机的驱动和智能控制。例如,当要求小车往前行进一定距离时,本模块配合带有编码器的直流电动机,能通过 PID 更为准确地控制电动机行进的距离,而不是仅通过存在很大误差的时间来控制。使用本模块,可以只通过串口发送 8 字节的命令(或者 IIC 接口 5 字节)来控制双路电动机(带编码器)的正反转速度,甚至可以直接设定电动机的运动距离。两路电动机的 PID 参数和梯形图参数都可以分别进行设定。与此同时,本模块拥有丰富的控制方式,可以通过上位机控制、单片机串口控制或者是单片机 IIC 口控制。

图 6-10　电动机驱动模块

由于一块电动机控制模块能控制两台电动机,所以需要两块电动机控制模块。

(4)为了保证小车在坡路上行走不打滑,选用四个橡胶车轮,配四个 6mm 联轴器。

(5)控制器采用 Mega2560 配扩展板。

（6）为了精确定位，采用 3 个超声波测距传感器和 1 个陀螺仪传感器。

（7）为了识别物体，采用视觉传感器。

（8）为了保证电动机的正常运行，需要配备 4S(14.8 V)航电，同时选用 5 V DC-DC 电源降压模块，给传感器供电。

（9）为了抓取和搬运物体，选用 3 自由度的机械臂并配一个机械手。

（10）为了通过双边桥，选用两个光电开关传感器。

(11) 配备一个开关传感器，用于机器人小车的启动。

4. 机器人小车的组装

机器人小车组装完成后，如图 6-11 所示。

图 6-11　组装图

5. 线路的连接

各传感器与控制器扩展板接口的对应关系如表 6-3 至表 6-7 所示。

表 6-3   超声波测距模块

超声波测距模块	E 脚对应控制器扩展板接口	T 脚对应控制器扩展板接口
前超声波测距模块	30	31
后超声波测距模块	33	34
右超声波测距模块	37	38

表 6-4   光电开关传感器

光电开关传感器	控制器扩展板接口	光电开关传感器	控制器扩展板接口
左光电开关传感器	24	右光电开关传感器	27

表 6-5   机械手臂舵机

机械手臂上的舵机	控制器扩展板接口	机械手臂上的舵机	控制器扩展板接口
旋转底座舵机	2	小臂舵机	4
大臂舵机	3	爪子舵机	5

表 6-6   电动机控制模块

电动机控制模块	控制器扩展板接口	电动机控制模块	控制器扩展板接口
控制左侧电动机	com2	控制右侧电动机	com1

表 6-7   其他传感器

传感器	控制器扩展板接口	传感器	控制器扩展板接口
开关传感器	20	陀螺仪传感器	com3
视觉传感器	SPI		

6. 运行状态分析

机器人小车的电源开关打开以后处于待机状态,当按钮开关按下后,小车开始启动。由于电动机采用了闭环控制,所以基本上在做直线行驶时不会跑偏。下坡以后,前面的超声波测距传感器开始工作,当小车与前面的墙壁达到设定距离时,在陀螺仪传感器的控制下左转 90°。转过来以后,小车继续前进,视觉传感器开始寻找要搬运的物体,当发现物体,并且与物体中心点达到设定距离时,小车停止,机械手臂开始抓取物体,并保持抓住状态。

　　抓取物体后,小车继续前进,在两个光电开关传感器的辅助下,通过双边桥,下桥后,前面的超声波传感器开始工作,检测小车与前面墙壁的距离,当距离达到设定值,小车在陀螺仪传感器的控制下左转90°,然后继续前进。前面的超声波传感器开始工作,当与前面的墙壁达到设定距离时,小车在陀螺仪传感器的控制下左转90°。转过来以后,小车继续前进,此时视觉传感器开始寻找作为参照物的物体,当发现参照物体,并且与物体中心点达到设定距离时,小车停止,机械手臂开始工作,将搬运的物体放置到"物品放置区",然后小车继续前进。

　　此时,小车后面的超声波测距传感器开始工作,检测小车与车后面墙壁的距离,当达到设定距离时,小车在陀螺仪传感器的控制下左转90°。转过来以后,小车开始后退,小车右面的超声波测距传感器开始工作,检测障碍通道的位置。当检测到小车在障碍物右侧时,小车开始前进,车右侧的超声波测距传感器继续工作,用以检测障碍通道(障碍通道的位置不固定,可以在一定范围内移动)。当检测到障碍通道后,小车在陀螺仪传感器的控制下右转90°通过障碍通道,通过后继续前进,前超声波测距传感器开始工作,当与前面的墙壁距离达到设定值时,小车在陀螺仪传感器的控制下右转90°,然后继续前进。此时小车的前超声波测距传感器开始工作,当小车与前面的墙壁达到设定距离时,小车停止。这时,小车完美地停放在基地中,任务完成。

7. 程序的编写

　　下面是根据智能机器人工程任务挑战赛(单车任务高级版)编

写的小车的相关代码。

```
# include < Servo. h >              //调用舵机库
# include < SR04. h >              //调用超声波传感器库
# include < JY901. h >            //调用陀螺仪传感器库
# include < SPI. h >               //调用 SPI 接口库
# include < Pixy. h >              //调用视觉传感器库

int TRIG1 = 31;                    //前超声波 TRIG 脚
int ECHO1 = 30;                    //前超声波 ECHO 脚
int TRIG2 = 34;                    //后超声波 TRIG 脚
int ECHO2 = 33;                    //后超声波 ECHO 脚
int TRIG3 = 38;                    //右超声波 TRIG 脚
int ECHO3 = 37;                    //右超声波 ECHO 脚
int infraredLeft = 24;             //左光电开关传感器
int infraredRight = 27;            //右光电开关传感器

const int buttonPin = 20;          //开关传感器
int buttonState = 0;               //设定开关传感器初始状态

SR04 sr04rf = SR04(ECHO1, TRIG1);  //定义前超声波函数
SR04 sr04rb = SR04(ECHO2, TRIG2);  //定义后超声波函数
SR04 sr04rr = SR04(ECHO3, TRIG3);  //定义右超声波函数

Servo myservoA;                    //定义机械臂底座舵机函数
Servo myservoB;                    //定义机械臂大臂舵机函数
Servo myservoC;                    //定义机械臂小臂舵机函数
Servo myservoD;                    //定义机械臂爪子舵机函数

Pixy pixy;                         //定义视觉传感器函数

unsigned char cmd [8] = {0x19, 0x88, 0x00, 0x00, 0x00, 0x00,
0x00, 0x11};                       //motor
```

```
unsigned char cmdreset [3] = {0xFF , 0xAA , 0x52};
int pos;                            //定义舵机初始位置
int pos1 = 82;                      //定义底座舵机初始位置
int pos2 = 90;                      //定义大臂舵机初始位置
int pos3 = 100;                     //定义小臂舵机初始位置
int pos4 = 70;                      //定义爪子舵机初始位置
int x = 0;
int i = 0;
long disBack, disFront;
long forwardSpeed = 3500;           //前进速度
long findSpeed = 1500;              //检测物体时速度
long adjustSpeed = 500;             //双边桥上调整时速度
float startZ, targetZ = 0;

void setup()
{
    Serial1.begin(115200);          //打开电动机控制板接口 1 右
    Serial2.begin(115200);          //打开电动机控制板接口 2 左
    Serial1.write(0x55);
    Serial2.write(0x55);
    myservoA.attach(2);             //定义底座舵机接口
    myservoB.attach(3);             //定义大臂舵机接口
    myservoC.attach(4);             //定义小臂舵机接口
    myservoD.attach(5);             //定义爪子舵机接口
    myservoA.write(pos1);           //写入舵机初始值
    myservoB.write(pos2);
    myservoC.write(pos3);
    myservoD.write(pos4);

    delay(10);

    Serial.begin(115200);
    Serial3.begin(115200);          //
    pinMode(infraredLeft, INPUT);
```

```
    pinMode(infraredRight, INPUT);

    pixy.init();
    pinMode(buttonPin, INPUT);
    startZ = getZ();                      //陀螺仪传感器 Z 轴角度值
}

void loop()
{
  do
  {
    buttonState = digitalRead(buttonPin);  //读取开关传感器状态
  }
  while (buttonState == HIGH);

  forward(forwardSpeed);

  delay(1000);

  while (sr04rf.Distance() >= 45.5);       //设定第一个距离,前超
                                           //声波传感器测量
  {
    forwardi(forwardSpeed);
  }

  stopp();
  delay(150);

  turnl();
  while (getZ() < 85);                     //转第一个弯,陀螺仪控制角度
  stopp();
  delay(150);

  do
```

```
{
  forwardi(findSpeed);
  uint16_t blocks;                    //视觉传感器开始工作
  blocks = pixy.getBlocks();
  if (blocks)
  {
x = pixy.blocks[0].x;                 //检测物体中心与视觉传感器
                                      //之间的距离
  }
  }
while ( x <= 20 );    //物体中心与视觉传感器之间距离的设定值
stopp();
servo1();                             //抓物体

for (i = 0; i <= 2500; i++)
        //小车抓到物体后上坡,待小车四轮全在坡面上时小车停止
{
  bool l = digitalRead(infraredLeft);
  bool r = digitalRead(infraredRight);
  if (l && (!r)) {
    adjustToLeft();
  }
  if (r && (!l)) {
    adjustToRight();
  }
  if ((!l) && (!r)) {
    forwardi(forwardSpeed);
  }
}

do
{
  bool l = digitalRead(infraredLeft);
  bool r = digitalRead(infraredRight);
```

```
    if (l && (!r)) {
      adjustToLeft();
    }
    if (r && (!l)) {
      adjustToRight();
    }
    if ((!l) && (!r)) {
      forwardi(forwardSpeed);
    }
  }
while ( (sr04rf.Distance() > 8) || (sr04rf.Distance() == 0 ));
                //检测第二个距离(下坡后),前超声波传感器测量
stopp();
delay(150);
turnl();
while ((getZ() < 177) && (getZ() > 0));      //转第二个弯,陀螺仪
                                             //控制角度
stopp();
delay(150);
forward(forwardSpeed);
delay(3000);
do
{
  forwardi(forwardSpeed);
}
while (sr04rf.Distance() >= 56) ;  //检测第三个距离,前超声波
                                   //传感器测量
delay(25);
stopp();
delay(200);
turnl();
do {
  float ang = getZ();
  if (ang >= -94 && ang < -45)  //转第三个弯,陀螺仪控制角度
```

```
    {
      break;
    }
  }
  while (1);
  stopp();
  delay(200);

  do
  {
    forwardi(findSpeed);
    uint16_t blocks;                    //视觉传感器开始工作
    blocks = pixy.getBlocks();
    if (blocks)
    {
      x = pixy.blocks[0].x;             //检测物体中心与视觉传感器
                                        //之间的距离

    }
  }
  while ( x <= 50 );                    //物体中心与视觉传感器之
                                        //间距离的设定值

  stopp();
  servo2();                             //放物体

  while (sr04rb.Distance() < 110)       //后传感器检测距离设定值
  {
    forwardi(forwardSpeed);
  }
  stopp();
  delay(25);

  turnl();                              //左转
  while ((getZ() < -4) && (getZ() > -135)); //第四个角度,陀螺仪
                                        //控制角度
```

```
do
{
  back();                          //后退
}
while (sr04rr.Distance() >= 60); //右超声波传感器检测障碍通
                                 //道的位置

do
{
  back();
}
while (sr04rr.Distance() <= 60); //右超声波传感器检测障碍通
                                 //道的位置
stopp();
delay(200);
forwardi(findSpeed);
delay (500);
while (sr04rr.Distance() <= 60); //右超声波传感器检测障碍通
                                 //道的位置
forwardi(findSpeed);
delay(1050);;                    //利用延时调整前进距离
stopp();
turnr();                         //右转
while ((getZ() < 20) && (getZ() >= -85)); //第五个角度,陀螺
                                 //仪传感器控制角度
stopp();
delay(200);
forward(forwardSpeed);

while (sr04rf.Distance() >= 10); //检测第四个距离,前超声波
                                 //传感器工作
stopp();
turnr();                         //右转
```

```
    while ((getZ() < - 60) && (getZ() > - 175)); // - 180
                              //第六个角度,陀螺仪传感器
                              //控制角度
    stopp();
    delay(200);
    forward(forwardSpeed);
    while (sr04rf.Distance() > = 16); //检测第五个距离,前超声波
                              //传感器工作
    stopp();
    while (1);                //程序结束
}


void forward(long Speed)          //前进
{
  for (i = 0; i < = Speed / 500; i += 1)
  {
    setcmd1('m', 500 * i);
    setcmd1('M', - 500 * i );
    setcmd2('m', - 500 * i);
    setcmd2('M', 500 * i);
    delay(50);
  }
  setcmd1('m', Speed );
  setcmd1('M', - Speed);
  setcmd2('m', - Speed);
  setcmd2('M', Speed);
}


void forwardi(long Speed)          //慢速前进
{
  setcmd1('m', Speed);
  setcmd1('M', - Speed);
  setcmd2('m', - Speed);
```

```
  setcmd2('M', Speed);
}
void back()                    //后退
{
  setcmd1('m', -3000);
  setcmd1('M', 3000);
  setcmd2('m', 3000);
  setcmd2('M', -3000);
}
void stopp()                   //停止
{
  setcmd1('m', 0);
  setcmd1('M', 0);
  setcmd2('m', 0);
  setcmd2('M', 0);
}


void setcmd1(unsigned char Cmd_Send, long MotorSpeed)
{
  cmd[2] = Cmd_Send;
  cmd[3] = (unsigned char)(MotorSpeed >> 24);
  cmd[4] = (unsigned char)(MotorSpeed >> 16);
  cmd[5] = (unsigned char)(MotorSpeed >> 8);
  cmd[6] = (unsigned char)(MotorSpeed);
  Serial1.write(cmd, 8);
  return;
}


void setcmd2(unsigned char Cmd_Send, long MotorSpeed)
{
  cmd[2] = Cmd_Send;
  cmd[3] = (unsigned char)(MotorSpeed >> 24);
  cmd[4] = (unsigned char)(MotorSpeed >> 16);
  cmd[5] = (unsigned char)(MotorSpeed >> 8);
```

```
    cmd[6] = (unsigned char)(MotorSpeed);
    Serial2.write(cmd, 8);
    return;
}
void turnl()                        //左转
{
    setcmd1('m', 1500);
    setcmd1('M', -1500);
    setcmd2('m', 1500);
    setcmd2('M', -1500);
}
void turnr()                        //右转
{
    setcmd1('m', -1500);
    setcmd1('M', 1500);
    setcmd2('m', -1500);
    setcmd2('M', 1500);
}
void servoAl(int a)                 //底座左转
{
    for (i = 0; i <= a; i += 2)
    {
        pos1 += 2;
        myservoA.write(pos1);
        delay(20);
    }
}
void servoAr(int a)                 //底座右转
{
    for (i = 0; i <= a; i += 2)
    {
        pos1 -= 2;
        myservoA.write(pos1);
        delay(20);
```

```
      }
   }
   void servoBl(int a)                    //大臂上
   {
     for (i = 0; i <= a; i += 2)
     {
       pos2 += 2;
       myservoB.write(pos2);
       delay(20);
     }
   }
   void servoBr(int a)                    //大臂下
   {
     for (i = 0; i <= a; i += 2)
     {
       pos2 -= 2;
       myservoB.write(pos2);
       delay(20);
     }
   }
   void servoCl(int a)                    //小臂下
   {
     for (i = 0; i <= a; i += 2)
     {
       pos3 += 2;
       myservoC.write(pos3);
       delay(20);
     }
   }
   void servoCr(int a)                    //小臂上
   {
     for (i = 0; i <= a; i += 2)
     {
       pos3 -= 2;
```

```
      myservoC.write(pos3);
      delay(20);
    }
  }
  void servoDl(int a)                    //收爪子
  {
    for (i = 0; i <= a; i += 2)
    {
      pos4 += 2;
      myservoD.write(pos4);
      delay(20);
    }
  }
  void servoDr(int a)                    //打开爪子
  {
    for (i = 0; i <= a; i += 2)
    {
      pos4 -= 2;
      myservoD.write(pos4);
      delay(20);
    }
  }
  void servo1()                          //抓起物体
  {
    servoCr(45);                         //小臂起
    servoAr(62);                         //向右旋转底座
    servoBr(35);                         //大臂下
    servoCr(6);                          //小臂上
    servoBr(10);                         //大臂下
    servoDl(120);                        //收爪子
    servoBl(57);                         //大臂上
    servoAl(62);                         //底座左转
    servoCl(65);                         //小臂下
```

```
    }
void servo2() 放下物体
{
    servoCr(75);                        //小臂起
    servoAr(63);                        //向右旋转底座
    servoBr(63);                        //大臂下

    servoDr(120);                       //打开爪子
    servoBl(65);                        //大臂上

    servoAl(63);                        //底座左转

    servoCl(75);                        //小臂下

}
void adjustToLeft()                     //双边桥上向左调整
{
    setcmd1('m', forwardSpeed);
    setcmd1('M', -forwardSpeed);
    setcmd2('m', -forwardSpeed + adjustSpeed);
    setcmd2('M', forwardSpeed - adjustSpeed);
}

void adjustToRight()                    //双边桥上向右调整
{
    setcmd1('m', forwardSpeed);
    setcmd1('M', -forwardSpeed);
    setcmd2('m', -forwardSpeed - adjustSpeed);
    setcmd2('M', forwardSpeed + adjustSpeed);
}

float getZ()                            //读取陀螺仪传感器 Z 轴角度
{
    while (Serial3.available())
```

```
    {
        JY901.CopeSerialData(Serial3.read());    //Call JY901 data
                                                  //cope function
    }
    return (float)JY901.stcAngle.Angle[2] / 32768 * 180;
}
```

6.3 智能机器人工程任务挑战赛
（单车任务 中级版）

1. 任务要求

在图 6-12 所示的场地中，完成如下任务。

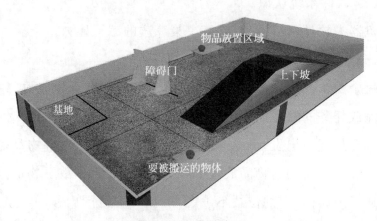

图 6-12 任务场地图

设计一个基于微处理器和传感器完成的小型机器人，在模拟的厂区内，可以自动准确识别物体的具体位置、跟踪物体、避障、平稳夹持物体和放置物体、自动定位机器人自身精确位置并准确回到起始点。场地的尺寸为 2m×3m。本任务主要考察搬运机器人的关键技术机械系统、电气系统、控制系统、视觉识别、避障系统及室内定位等。

2. 任务分析

本任务可以培养如下几项能力。

（1）机构认知、动手能力。

认识机器人本体机构，锻炼动手能力。

（2）电气系统认知。

机器人电气系统，锻炼电气连接动手能力、传感器系统设计能力。

（3）控制系统认识。

机器人控制系统设计，控制算法、编写控制程序。

（4）软件系统认识。

机器人软件系统设计，锻炼决策算法的编写能力。

（5）团队合作。

每个团队两人，每人负责一块任务，锻炼团队合作能力。

完成任务的顺序如下。

小车从基地出发，到达被搬运物品的放置区域，将物品搬走，然后通过双边桥到达物品放置区域，将物品放下。放下物品后，小车要通过障碍门，门的位置不确定，可在一定范围内移动。最后小车返回基地，小车投影全部进入基地为任务完成。整个过程必须自主完成。

3. 器材选择

（1）小车车体。

小车车体如图 6-13 所示。

图 6-13　小车车体

整体尺寸：400mm×300mm×160mm。

车轮尺寸：85mm。

机械臂臂展：325mm。

机械爪最大张开距离：170mm。

舵机工作电压：5～6V。

电池电压：6V。

主控板 Arduino Mega2560 工作电压：5V。

电动机驱动板 L298 工作电压：6～27V。

驱动电动机工作电压：6V。

驱动电动机轴径：5mm。

（2）其他的传感器（如超声波传感器、陀螺仪、光电开关传感器等）根据需要选用。

动手做

编写程序实现上述任务。

提示：

（1）传感器的选择和组装请参照 6.1 节和 6.2 节。

（2）程序的编写请参照 6.1 节和 6.2 节。

本章三个制作项目的具体案例涵盖了各种器材的应用，是机电一体化的具体表现。所给出的程序都是经过实际验证的，希望能给大家提供一个参考。

当然，要想实现所规定的任务，这里提供的程序并不是唯一的。由于每个人的思路不一样，即使使用了相同的传感器，所写出的程序也不完全相同，但是都能达到同样的目的。在此希望大家不要被这些程序限制了自己的思维，也希望大家以本书提供的程序为引子，写出更好的程序来。

程序写好以后，更主要的是调试。调试分为机械部分和软件部分，只有把机械部分调试到最佳状态（比如小车四个轮子的一致性），才能保证软件程序调试的方便、快捷、准确。如果机械部分保证不了，那么程序的调试就无从谈起，即使程序完美无缺，机械部分的运行也会随意而为，这样就会让你陷入迷茫之中。程序的调试要反复进行，要确保程序运行的可靠性。

总之，利用 Arduino 系统可以制作出你想要的各种制作项目，这本书只是起到一个抛砖引玉的作用，激发你的兴趣，让你能够轻松制作出炫酷的制作项目。

参 考 文 献

[1] 陈吕洲. Arduino 程序设计基础[M]. 北京：北京航空航天大学出版,2015.

[2] 赵建伟. 机器人系统设计及其应用技术[M]. 北京：清华大学出版社,2017.

[3] 周润景,李茂权. 常用传感器技术及应用[M]. 北京：电子工业出版社,2020.

[4] 樊胜民,樊攀,张淑慧. Arduino 编程与硬件实现[M]. 北京：化学工业出版社,2020.

[5] 乔玉晶,郭立东,吕宁,等. 机器人感知系统设计及应用[M]. 北京：化学工业出版社,2021.

[6] 张金,叶艾,岳伟甲,等. Arduino 程序设计与实践[M]. 北京：电子工业出版社,2018.

[7] MARGOLIS M. Arduino 权威指南[M]. 北京：人民邮电出版社,2015.